세계의 과학자 12인, 과학과 세상을 말하다

|옮긴이 **김미선**|
1966년 서울에서 태어나 연세대 화학과를 졸업했다. 대덕연구단지 내 LG연구소에서 근무했으며, 숙명여대 TESOL 과정 수료 번역가로 활동하고 있다. 현재 '뇌'라는 키워드와 맞물린 분야를 공부하고 있다. 『의식의 탐구』, 『꿈꾸는 기계의 진화』 등을 번역했다.

세계의 과학자 12인, 과학과 세상을 말하다
제레미 스탱룸 엮음 ‖ 김미선 옮김

What Scientists Think

초판 인쇄일 • 2009년 2월 25일
초판 발생일 • 2009년 3월 3일

발행처 • 출판사 지호 ‖ 발행인 • 장인용 ‖ 출판등록 • 1995년 1월 4일 ‖ 등록번호 • 제10-1087호
주소 • 경기도 고양시 일산동구 장항도 751 삼성라끄빌 1319호 ‖ 전화 • 031-903-9350
팩스 • 031-903-9969 ‖ 이메일 • chihopub@yahoo.co.kr ‖ 편집 • 김희중 ‖ 영업 • 윤규성
표지디자인 • 오필민 ‖ 종이 • 대림지업 ‖ 인쇄 • 대원인쇄 ‖ 제본 • 경문제책

세계의 과학자 12인, 과학과 세상을 말하다

What Scientists Think

스티브 존스, 스티븐 핑커, 수전 그린필드, 에드워드 윌슨
케빈 워릭, 로빈 머레이, 마틴 리즈, 마이크 스트래튼
도로시 크로포드, 노먼 레빗, 케넌 말릭, 콜린 블레이크모어

제레미 스탱룸 엮음 김미선 옮김

지호

차례

WHAT SCIENTISTS THINK

추천사 * 마렉 콘 6

서문 11

감사의 글 20

01장. 다윈론과 유전자 * 스티브 존스 21

02장. 진화심리학과 빈 서판 * 스티븐 핑커 43

03장. 인간의 뇌와 의식 * 수전 그린필드 65

04장. 과학과 인간이라는 동물 * 케넌 말릭 85

05장. 인공두뇌학과 사이보그의 미래 * 케빈 워릭 107

06장. 정신의학과 정신분열증 * 로빈 머레이 127

07장. 바이러스의 위협 * 도로시 크로포드 153

08장. 암 연구와 치료 * 마이크 스트래튼 175

09장. 동물 실험과 의학 연구 * 콜린 블레이크모어 195

10장. 위기의 과학 * 노먼 레빗 217

11장. 생물다양성 * 에드워드 윌슨 241

12장. 과학: 그 위험성과 대중 * 마틴 리즈 261

더 읽을 거리 282

역자 후기 295

추천사

마렉 콘

과학자들은 온갖 방식으로 생각하지만, 남들에게는 그 생각을 잘 알리지는 않는다. 그들은 깊이 있게, 상세하게, 그리고 정교한 틀 안에서 생각한다. 주로 숫자를 이용하고, 때로는 직관에 맞서기도 한다. 그들은 지적인 노력을 하는 동안 형식을 지키고 전문성을 갖추고 초점을 잃지 말아야 할 의무가 있다. 그렇지만 과학자들이 무슨 생각을 하는지 확실하게 알 수 있는 강력한 수단이 있다. 그들에게 물어보라.

이 별것 아닌 방법은 소박함이 바로 강점이다. 단순한 질문은 단순한 답변을 끌어내기 때문에 역설적으로 보다 더 정확할 수 있다. 그런 답변들은 사실적으로 옳을 뿐 아니라, 응답자가 스스로도 말할 가치가 있다고 생각하는 내용들이다. 다시 말해서 핵심적인 내용들이다. 전문적이지 않은 독자는 주요 개념들의 요점과 학자들이 생각하는 지적인 도식의 윤곽을 간단히 얻음으로써, 사실에 대한 오해와 강조에서 비롯되는 오해를 모두 피할 수 있다. 그 결과는 누적적이다. 제레미 스탱룸의 인터뷰를 모으면, 거짓말처럼 현대 과학에서 가장 뜨거운 여러 지점들로 안내하는 압축적인 포켓 가이드가 된다.

이 지점들이 뜨거운 이유는 그곳을 둘러싼 과학 활동 때문만이 아니라, 그 안에서 여러 이해관계와 가치들이 부글부글 끓고 있기 때문이다. 이 인터뷰 모음의 주제는 유전, 인간의 타고난 본성, 인간이 된다는 것의 본질, 의식, 인종, 정신병, 동물 실험, 유전자변형, 종의 멸종을 망라한다. 또한 암과 바이러스를 다루는 과학은, 우리가 때로는 그 과학적 목적의 달성을 열렬히 원하며 그 목적을 보편적으로 공유하고 있다는 사실을 상기시킨다. 넓은 시각으로 보면, 과학자들이 걱정하는 것은 모든 사람이 걱정하는 것이다.

그리고 과학자들이 생각하는 것은 많은 면에서 대부분의 사람들이 생각하는 것이다. 과학자들은 대개 자신들의 과학에서 가치관을 얻지 않는다. 그들은 과학자가 되었을 때 이미 자신들의 가치관을 가지고 있었다. 자신의 과학 지식을 토대로 여러 쟁점들을 이해하지만, 지식이 그들의 관점을 크게 바꾸지는 않을 것이다. 신경약리학자인 수전 그린필드Susan Greenfield는 신경 수준에서 정신작용 약물의 효과를 이해하는 데 가장 뛰어난 사람이다. 하지만 그 쟁점에 대한 시각의 바탕에 신경 과정에 대한 시각이 있을지라도, 사람들이 환락을 추구하는 데 대한 그녀의 견해—흉하지 않게 적당히 해야 한다—는 과학이 없어도 결론을 내릴 수 있는 도덕적 전통에 속한다. 이 견해가 친숙하다는 사실은, 과학자가 자기 지식의 윤리적 의미에 관해 생각하는 내용 대부분은 모든 사람들이 공감할 수 있으며, 따라서 과학자와 사회의 나머지 구성원들 사이의 대화에 장벽이 있다는 생각은 어느 정도 착각일 수 있음을 보여준다. 윤리의 영역에서 과학자들은 대개 아마추어이다. 아직도 어떤 사람들은 과학자들을 성직자와 같은 품성을 지닌 존재로 여길 수도 있겠지만, 전공분야 밖에서 그들은 나머지 평신도들과 같은 자리에 앉는다.

그래도 전문지식은 어쩔 수 없이 배타적이다. 뉴턴과 라이프니츠 사이의 논쟁을 이해하려면 반드시 미적분을 알아야 한다고 수학자 노먼 레빗Norman Levitt은 지적한다. 적극적으로 과학적인 쟁점을 이야기하기 위해 필요한 능력으로 레빗이 설정하는 기준은 상당히 높다. 이 기준은 다른 학문 분야 출신의 외부인은 자신의 분야에서 전문가일 뿐만 아니라 그가 다루고자 하는 과학자들의 분야에서도 능숙해야 한다고 암시하며 기본적으로 과학계 내부의 검증을 두둔한다. 더 넓은 대중적 영역 안에서는, 과학자들은 설명하고 다른 모든 사람들은 듣는 모습을 제시한다.

제레미 스탱룸이 서문에서 살펴보듯이, 정말로 중요한 것은 사람들이 주의를 기울여야 한다는 점이다. 그가 발견한 대중의 과학적 무지를 보여주는 데이터는 단순한 풍자거리 이상이다. 사람들 가운데 3분의 1은 아직도 태양이 지구 둘레를 돈다고 생각한다. 이런 수치는 '코페르니쿠스 혁명'이 누구나 다 아는 단어가 아니기 때문에 따옴표 안에 집어넣어야 마땅하다는 사실을 보여주는 듯하다. 이런 무지를 자신의 잘못으로든 다른 이유로든 교육을 받지 못한 계급의 단점이라고 간단히 넘기고 싶을지도 모르겠지만, 관리직이나 전문직 계급—여기에 속한다는 것이 발달된 합리적 사고 능력을 암시하는—이 바로 동종요법homeopathy과 같은 비합리적 요법들의 핵심 시장이다. 동종요법은 '비슷한 것이 비슷한 것을 치유한다'는 신비적인 믿음을 바탕으로 하고 있으며, 효과가 있을 것으로 추정되는 성분이 단 한 분자도 들어 있을 것 같지 않은 조제약을 처방한다. 소수의 소비자들은 자신의 선택을 뒷받침하는 문헌을 인용하겠지만, 그들 대부분에게 논리는 장애물이 아니다. 그들은 단순히 기초 과학에 관해 알아보지 않을 뿐만 아니라, 그들 마음대로 좋아하는 것은 선택하고 좋아하지 않는 것은 거부한다. 일부 집단들이 진화의 소수 관점들에만 주의를 기울이는 것이 바로 좋은 사례이다.

하지만 과학자들 자신도 모순을 초월해 있는 것은 아니다. 이 인터뷰를 읽는 독자들은 '맞는 말이야, 하지만' 하는 순간들을 한두 번쯤 만날 것이고, 과학적 관찰과 사회적 논평이 결합된 부분들을 쉽게 볼 수 있을 것이다. 그러나 우리는 이를 결함이 아닌 기회로 여길 수 있다. 과학자 아닌 사람들도 수동적으로 흡수만 하지 않고, 능동적으로 참여할 수 있는 여지가 있다는 말이다. 전문적인 기준에 관해서는 노먼 레빗이 옳겠지만, 대부분의 주요한 과학적 사실과 개념들은 단순한 언어로도 효과적으로 전달할 수 있다고 자신하는 우주론자 마틴 리즈 역시 옳다. 전문지식은 극소수의 보호구역일 수 있지만, 과학의 실용지식은 거의 모든 사람의 손이 미치는 곳 안에 놓여 있다. 그러한 지식을 심는 데 있어서 이 유익하고 고무적인 인터뷰 모음은 '대중의 과학 이해'라는 고상해 보이는 과제를 좀더 가볍게 받아들일 수 있게 할 것이다. 여기서 내놓는 시민적 대안은 대중과 과학의 맞물림이다.

서문

제레미 스탱룸

2002년 3월, 독립적인 영국의 학술원인 왕립협회가, 일반 대중은 과학자들을 신뢰하는가의 여부를 놓고 공개토론회를 열었다. 왕립협회 '사회 속의 과학 위원회' 의장인 폴 너스Paul Nurse 경은 개회사에서, 지구온난화, 생물학 무기, 유전자변형식품, 광우병(소해면상뇌증/크로이츠펠트-야콥병), 동물 실험, 원자력과 같은 쟁점들을 둘러싼 논란들로 과학에 대한 대중의 신뢰가 흔들려버렸다고 설파했다. 이 견해를 낳은 것은 여론 조사 데이터이다. 예를 들어 여론조사 기관 MORI에 따르면, 과학자들이 환경에 대해 잘 알지 못한다는 데 동의한 사람들이 1989년에는 전체의 36퍼센트였던 데 비해 최근에는 48퍼센트로 늘어났다고 한다. 같은 조사에서, 진실을 말한다고 신뢰할 수 있는 정도에 있어서는 과학자들의 순위는 의사, 교사, 판사, 목사보다도 낮은 것으로 밝혀졌다.

이렇듯 과학을 불신하는 데 더해, 대중은 기초적인 과학적 사실들에 매우 걱정스러울 만큼 무지를 드러낸다. 예를 들어 영국과 미국의 조사 자료가 보여주는 실태들 가운데에는 다음과 같은 것들이 있다. 사람들 가운데 3분의 2가량은 주요 온실가스로 이산화탄소라는 기체 이름을 대지 못하며, 3분의 1에 가까운 사람들은 태양이 지구 둘레를 돈다고 생각한다. 대개의 사람들은 항생제가 박테리아뿐만 아니라 바이러스도 죽인다고 생각하며, 다섯 사람 가운데 한 사람은 '인간의 유전자 정보'라는 문구의 의미를 두고 한 마디도 이야기하지 못한다.

이런 상황을 타개하기 위한 정부, 시사평론가, 과학계 대표들 측의 답변은 과학자들이 자신의 연구에 관한 대화에 대중을 끌어들일 필요가 있다는 주장이었다. 예컨대 영국 정부의 수석 과학고문인 데이비드 킹David King 교수는 정직과 개방이 과학과 과학 정책 수립에 대한 대중의 신뢰를 회복하는 열쇠라고 주장했으며, 환경단체인 '지구의 벗Friends of the Earth' 의장을 맡기도 했던 찰스 세크릿Charles Secrett은 정보의 자유가 커지면 사람들이 과학자들을 더 믿을 수 있을 것이라고 주장했다.

이 인터뷰집의 근본 취지는 과학자들이 자신의 견해를 더 폭넓은 대중에게 전달해야 한다는 이 관점이 옳다는 생각을 바탕에 두고 있다. 특히, 더 많은 대중이 과학을 이해해야 하는 데는 두 가지 이유가 있다. 첫째는 과학의 발전은 부분적으로 그 과학이 발생하는 사회적·정치적 배경에 따라 결정된다는 점이다. 그렇기 때문에 과학자들은 대중과 지속적으로 교류하면서 자신들의 활동에 대한 폭넓은 지지를 얻을 필요가 있다. 그런 점에서 영국에서 유전자변형식품을 놓고 벌어진 논쟁은 많은 가르침을 준다. 지금까지도 유전자변형식품의 지지자들은 영국 대중에게 유전자변형식품의 잠재적 이점을 좀더 설득하는 데 실패했다. 결과적으로 소비자의 저항과 그린피스와 같은 환경압력단체의 직접행동 운동에 부닥친 몬산토, 신젠타, 듀퐁 등의 생명과학기술 회사들은 모두 영국 기반의 유전자변형작물 연구를 축소시켜버렸다.

이는 과학에 대한 대중의 이해가 증가하면 자동적으로 모든 과학적 노력이 지지를 받을 것이라는 주장은 결코 아니다. 하지만 분명한 이점이 있는 과학 프로젝트는 대중이 지지할 것이며, 어떤 특정한 프로젝트를 사람들이 지지하지 않을 때에는 흔히 어떤 이득이 있는지 사람들이 모르기 때문임을 암시하는 증거들은 확실히 있는 것이다. 여기서도 유전자변형기술에 관한 논쟁이 가르침을 준다. 유전자변형식품에 대한 대중적 저항의 최소한 일부는 그 식품이 인간의 건강에 나쁘다는 믿음에 뿌리를 두고 있지만, 이 믿음이 사실임을 나타내는 증거는 어디에도 없다. 다양한 환경압력단체들이 저지른 역정보 운동이 유전자변형식품의 잠재적 이점, 특히 수확률을 크게 높이면 더 많은 사람들이 식량을 얻을 수 있다는 가능성을 가리고 사람들의 눈을 멀게 했을 수도 있다.

대중의 과학 이해가 높아지는 것이 바람직하다고 생각하는 두 번째 이유는 진리의 가치와 관계가 있다. 과학 지식의 축적과 전파 자체가 본질적으로 가치 있는 일이라면, 과학적 소양을 지닌 사람이 많은 것은 좋은 일이다. 물론 과학적 소양의 증가는 십중팔구 부수적인 이득을 가져오기도 할 것이다. 예를 들어, 과학적 소양이 비판적 사고 능력과 상관이 있을 것이라고 생각할 충분한 이유가 있다. 그렇지만 그런 이득이 없을지라도 여전히 과학적 소양이 그 자체로 바람직하다는 주장은 유효하다. 인간이라는 종이 특별한 이유 중 하나는 인간은 세상의 모습을 파악할 수 있다는 점이며, 과학은 그 특유의 방법론 덕택에 이 과제를 수행하는 최고의 방법이다. 만일 사람들이 신화와 미신에 안주하여 몽유병자처럼 살아가는 데 만족하고 인간성의 이러한 측면을 간과한다면, 그것은 진화적으로 대물림되어온 유산의 커다란 부분에 등을 돌리고 있는 것이리라.

그래서 이 책의 근본 취지는 두 가지이다. 첫째, 나는 이 책이 과학자들이 하는 일이 어째서 중요하며 과학자들의 노력이 어째서 지지를 받을 만한 것인지를 보여주길 바란다. 둘째, 이 책은 그 자체로 바람직하다고 할 수 있는 과학 지식의 전파를 진행해가는 과정의 일부이다.

인터뷰

이 책은 선도적인 과학 사상가 열두 명과의 인터뷰로 이루어져 있다. 엄밀히 말하자면 모두가 과학자인 것은 아니다. 예를 들어 노먼 레빗은 수학자이고, 케빈 워릭은 과학과 기술의 교차점에서 일한다. 하지만 그들은 모두 과학, 과학적 방법론, 사회 속의 과학을 주제로 한 흥미로운 이야깃거리들을 가지고 있다. 그들을 이 책에 포함시킨 것은 단순히 그들이 지닌 학계에서의 지위 때문이 아니다. 물론 인터뷰 대상자들 모두가 상당한 명성을 지니고 있지만, 아마도 틀림없이 동등한 명성을 지닌 다른 사람을 선택할 수도 있었을 것이다. 그렇지만 이 책의 인터뷰 대상자들은 특별한 사회적·정치적·윤리적 측면을 지닌 과학적 노력의 영역에서 전문지식과 관심사를 제공한다.

이는 이 책의 의도를 반영한다. 과학의 형태와 그 결과물이 사회와 철저하게 엮여 있기 때문에 나타나는 쟁점들을 살펴야 한다는 의도 말이다. 구체적으로 말하자면, 우리는 여기서 동물 실험, 생물테러, 유전자변형기술, 진화적 설명의 범위, 기계의 지능, 더 폭넓은 대중에게 과학을 어떻게 설명할 수 있는가의 문제, 포스트모더니즘과 종교의 옷을 입은 반과학, 의학 발전, 생물다양성의 침식 등과 같은 쟁점들에 관해서 이야기할 것이다.

이러한 종류의 쟁점들을 가지고 고민한 결과로 책의 초점은 생명과학 쪽으로 치우쳐 있다. 실제로 이 인터뷰에서 전혀 논의하지 못한 중요한 질문 영역들이 있다. 이론물리의 영역이 아마도 가장 중요한 예일 것이다. 당연히 어떤 과학이 다른 부분들보다 더 중요하다거나 더 흥미롭기 때문에 이렇게 선택한 것은 아니다. 그보다 수리물리와 같은 학문의 중요성은, 말하자면 진화생물학의 경우보다 더 미묘한 잣대로 측정되며, 이 책이 초점을 맞추고 있는 사회적, 정치적, 혹은 윤리적인 종류의 염려를 일으킬 가능성이 훨씬 덜하기 때문이다. 인터뷰라는 형식의 본질에서 비롯된다고 말할 수 있다. 추상적인 분야의 과학일수록 대화에서 적절하게 다루기가 더 어렵다. 특히 대화의 참여자가 전문적인 과학자가 아닐 때는 더욱 그렇다.

이 책을 읽는 방법

인터뷰는 주제별로 진행되도록 배열했다. 그러므로 독자는 『이상한 나라의 앨리스』에 나오는 흰 토끼가 받은 지시를 따르면 책에서 가장 많은 것을 얻을 수 있다. 다시 말해, 처음부터 시작해서, 끝까지 계속 간 다음, 멈추면 된다. 각각의 인터뷰를 하나의 독립적인 항목으로 취급해서 관심 있는 특정 인터뷰만 읽어도 되긴 하지만, 그렇게 하면 책 전체에 걸쳐 다양한 공통의 주제와 줄거리들을 어떻게 엮어놓았는지를 깨닫기 어려워질 것이다.

인터뷰의 양식은 일부러 대화체로 썼다. 이야기의 흐름을 돕기 위해, 인터뷰 대상자들이 전문적인 언어를 쓸 때마다 설명을 요구하지는 않았다. 그래도 주제 영역에 관한 사전 지식이 없는 사람들도 이야기를 이해할 수 있게 하려고 모든 노력을 기울였으므로, 독자들이 가끔 등장하는 비유는 놓칠지 몰라도 말하는 내용의 주요한 취지는 언제나 이해할 수 있으리라 믿는다.

마지막 당부

이 서론을 시작하면서, 과학자들이 자신의 견해를 더 폭넓은 대중에게 전달하려고 노력해야 한다는 생각에는 옳은 점이 있다고 말했다. 이 생각, 아니면 최소한 그 생각의 토대가 되는 가정들 가운데 하나에는 틀린 점도 있다. 이 말의 의미를 이해하려면, 다음 이야기를 생각해보면 좋을 것이다. 2001년 영국 총선이 끝난 뒤, 언론에는 낮은 투표율을 개탄하면서 곧장 정치가들의 행보로 비난의 화살을 돌리는 논평들이 가득했다. 사람들이 정치에서 소외된 이유는 정치가 온통 자화자찬이 아니면 지리멸렬하거나 표 얻기에만 급급하기 때문이고, 어쨌든 모든 정치가들이 단지 사리사욕을 위해 정치에 몸담기 때문이라고 했다. 다음은 이 모두에 관해 톤턴 주의 전 하원의원인 재키 발라드Jackie Ballard가 나서서 한 말이다.

> 정치가들 탓이라고? 이제는 누군가 유권자들을 탓할 때이다. 2년마다 한 번씩 투표장으로 걸어가 투표용지에 표 하나 찍는 것조차 귀찮아하

> 는 당신들……. 전 세계에서 많은 사람들이 자유선거 투표권을 얻기 위해 말 그대로 죽어간다. 이 나라에는 잘못된 것과 고쳐야 할 것들이 지독히 많다……. 하지만 그저 집에 앉아서 한탄하기만 한다면, 당신은 그에 합당한 정부와 정치가들을 얻게 될 것이다.

물론 요점은 과학과 과학자들의 처지가 정치가와 유사하다는 것이다. 만일 사람들이 과학으로부터 등을 돌린다면, 우리는 과학에, 혹은 과학자들이 더 폭넓은 대중을 끌어들이는 방식에 무언가 잘못이 있는 것이 틀림없다는 말을 들을 것이다. 하지만 이는 분명 사실이 아니다. 많은 과학자들이 이미 일반 대중에게 자신이 하는 일을 설명하기 위해 수고를 아끼지 않는다. 예를 들어, 대중과학 분야가 지난 20년 동안 출판계의 성공 사례 가운데 한 자리를 차지해온 점, 또는 과학적 주제를 다루는 대중적 사건들이 수없이 많다는 점, 또는 신문 가판대에서 최소한 세 가지 다른 종류의 과학 정기간행물을 집어들 수 있다는 점, 또는 과학을 쉽게 접할 수 있도록 전념하는 수많은 웹사이트들이 인터넷에서 주역을 맡고 있다는 점, 또는 지상파 텔레비전이 과학적 화제에 관한 프로그램들을 종종 특집으로 다룬다는 점을 생각해보라.

이 책을 위한 인터뷰를 거절한 과학자는 한 사람도 없었다. 과학 정보는 일반 대중이 손만 내밀면 얻을 수 있다. 결국, 사람들은 어느 정도 책임을 지고 계속해서 정보에 귀를 기울여야 한다. 그러지 않으면 그들은 아마 받을 자격이 없는 과학을 얻게 될 것이다. 과학은 인류가 누리는 삶의 질에 중요한 향상을 가져다준다. 하지만 21세기에 모든 것이 잘못된다면, 예를 들어 마틴 리스가 그럴지도 모른다고 생각하듯이, 만일 우리에게 어떤 기술적 재앙이 닥친다면, 지구가 태양 주위를 돈다는 사실을 뾰족한 이유도 없이 굳이 알려 하지 않은 사람들이 자신의 운명에 관해 그렇게 큰 목소리로 불평할 자격이 있을지를 나는 잘 모르겠다.

감사의 글

이 책을 꾸미는 데 도움을 주신 분들, 훌륭한 아이디어를 내고 편집을 도와준 토니 브루스, 초고를 읽고 조언해준 ButterfliesandWheels.com의 동료 오필리어 벤슨, 정보 찾는 일을 도와준 존 매튜스, 정신의학에 관한 질문에 답해준 매튜 브룸, 정신의학 문헌에서 특히 난해한 자료들을 끝까지 파헤쳐준 폴 앨런, 케임브리지셔 시골길에서 방향을 잃고 헤매는 나를 보고 힝스턴의 생거연구소까지 태워다준 친절한 여자분, 마지막으로 하지만 가장 큰 마음을 담아, 이 책을 위해 시간을 내어 인터뷰에 응해준 열두 분께 진심으로 감사드리고 싶다.

제레미 스탱룸

2004년 8월, 런던에서

1. 다윈론과 유전자

• 스티브 존스와의 인터뷰

스티브 존스Steve Jones

유니버시티 칼리지 런던의 유전학 교수. 1991년 레이스 강연Reith Lecture(1948년부터 매년 당대에 손꼽히는 인물들이 BBC 방송의 의뢰로 BBC 라디오 4를 통해 하는 강의-옮긴이)의 강사로 '유전자 언어'를 주제로 강연을 했다. BBC 라디오 3에서 장기 방송된 과학과 예술에 관한 시리즈 〈블루 스카이Blue Skies〉, 1996년 방영된 인간 유전학에 관한 6부작 TV 시리즈 〈피 속에In the Blood〉의 각본을 쓰고 출연했다. 저서로는 권위 있는 롱프랑 과학도서상 수상작인 『유전자 언어』와 『진화하는 진화론』이 있다. 골턴연구소의 소장이기도 하다.

리처드 도킨스Richard Dawkins는 저서인 『눈 먼 시계공』에서, 1859년 이전에는 지적으로 갖추어진 무신론자가 된다는 것이 사실상 불가능했다고 주장했다. 무신론의 어려움은 바로, 설계자의 개입 말고는 살아 있는 세계의 복잡성을 설명할 길이 없다는 점이었다. 하지만 이 모든 것이 1859년에 찰스 다윈이 『종의 기원』을 발표하면서 달라졌다. 이 책은 아마도 과학사에서 단일한 개념으로 가장 강력한 것일, 자연선택의 작용으로 인한 종의 진화라는 개념에 세계의 이목을 집중시켰다.

간단히 말하자면, 이 개념은 자연선택이 유기체의 유전되는 특질들에서 일어나는 변이에 작용한다는 것이다. 어떤 특질들이 번식의 성공을 보장해준다면, 예를 들어 유기체가 새끼를 기르기에 충분할 만큼 오래 살아 있도록 하는 데 도움이 된다면, 그 특질이 널리 퍼지리라는 것이다. 하지만 1859년 당시 다윈의 이론이 지닌 문제는 유전의 메커니즘을 아직 모른다는 점이었다.

"다윈은 유전을 근본적으로 잘못 이해했습니다"라고 유니버시티 칼리지 런던의 유전학 교수인 스티브 존스는 말을 시작했다. "실은, 그가 유전을 어떻게 생각했는지 정확히 알기가 좀 어렵습니다. 19세기 생물학자들은 유전의 이론에 그다지 흥미가 없었습니다. 그들은 발달에, 예를 들자면 형태 없는 작은 원형질 조각인 코끼리의 난자가 어떻게 한 마리의 코끼리로 발달하는지에 더 관심이 있었습니다."

"하지만 다윈도 작은 정보의 조각인 소아체小芽體들이 있어서 핏속을 떠다니다가 수태가 될 때 섞여서 전달된다는 생각은 가지고 있었습니다. 하지만 『종의 기원』 초판이 발행되고 나서 스코틀랜드의 공학자인 플레밍 젠킨Fleeming Jenkin이 다윈에게 편지를 써서 다음과 같은 점을 지적했습니다. 대충 말하자면, 빨강과 파랑을 섞으면 보라색이 나오며, 절대로 빨강이나 파랑이 다시 나오지는 않는다는 것이죠. 따라서 만일 빨강인 것이 생물체에게 이점이라 해도, 그 이점은 섞이는 순간 사라집니다. 이처럼 어떤 이점이 되는 특징도 희석되고 말 테죠."

"다윈은 정말 보기 드물게 정직한 과학자라서, 당장에 이 점을 자신의 주장에서 치명적인 결함이라고 보았습니다. 그래서 『종의 기원』의 다음 판들은 확신도 떨어지고 성숙도도 떨어지는 것을 발견할 수 있습니다. 하지만 물론 그 결함은 전혀 결함이 아니라는 사실이 밝혀졌습니다. 『종의 기원』이 나온 지 몇 년도 지나지 않아, 유전은 액체가 아닌 입자를 바탕으로 하며, 유전은 그 유전자를 물려주는 사람들의 신체 구조와는 별개라는 사실을 멘델이 보여준 것이죠. 그리고 이것이 다윈론을 구했습니다. 보라색 개체로부터도 빨강 유전자를 다시 얻을 수 있다는 말이기 때문이었죠."

우리는 이제 생물학적 유전의 단위가 유전자라는 사실을 알고 있다. 사람들은 흔히 마치 유전자가 특정한 특징을 직접 만들어내는 것처럼 이야기한다. 예컨대 매체는 '동성애 유전자'와 같은 말들을 많이 만들어냈고, 사람들은 특정한 병을 위한 유전자, 예컨대 정신분열증을 위한 유전자를 이야기한다. 하지만 실상은 이보다 훨씬 더 복잡하지 않을까?

존스는 이 질문에 고개를 끄덕였다. "어떤 면에서 이 질문은 발달에 관한 19세기 질문으로 돌아가는 주제입니다. 유전형과 표현형의 관계에 관한 질문이라는 말이죠. 유전학자라면 누구나 유전형과 표현형이 단순히 대응하지 않는다는 사실을 알고 있습니다. 우리는 이를 너무나 잘 알기 때문에 그런 이야기를 아예 하지 않죠. 하지만 일반대중은 그 점을 잘 알지 못하고, 유전학에서 가장 위험한 세 글자인 '…을 위한'이란 말을 사용합니다. 이것을 위한 유전자니 저것을 위한 유전자니 하고 말이죠."

"이런 식의 이야기에도 분명 옳은 면이 있기는 합니다. 예를 들어, 만일 한 사람이 어떤 특정한 DNA 사슬을 가지고 있다면, 그 사람은 연골발육부전성 난쟁이로 성장할 겁니다. 한 마디로 그 DNA 사슬은 난쟁이증을 위한 유전자인 셈이죠. 하지만 이런 경우는 드뭅니다. 우리가 흥미를 가지는 특질들, 예를 들어 성격과 외모와 같은 것들은 유전적 변화와 표현형 변화 사이에 직접적인 관계가 있는 경우가 거의 없습니다."

그렇다면, 개별 유전자를 하나하나 구분해 부르는 일은 어떻게 가능할까? 실제로 특정한 DNA 사슬을 하나의 유전자로 부르게끔 만드는 건 무엇일까?

"쉽지 않은 질문입니다. 전문적인 쟁점이고, 반드시 정답이 있는 것도 아닙니다. 간단히 말하자면, 유전자란 정보의 단위라고 정의할 수 있습니다. 멘델이 바로 그렇게 유전자를 바라봤죠. 생화학적으로 보자면 DNA의 구획으로, 그 DNA를 해독했을 때 RNA 메시지를 만드는 것을 유전자라고 할 수 있습니다. 하지만 이제 우리는 게놈에 관해 더 많은 것을 알기 때문에, 단백질을 만드는 RNA를 유전자가 만든다는 오래된 중심 정설은 결코 단순하지 않습니다. 예컨대 유전자 안에도 유전자들이 있고, 어떤 유전자들은 서로 중복되며, 별다른 일을 전혀 하지 않는 듯 보이는 '정크 DNA'라는 것이 DNA의 거대한 땅을 차지하고 있습니다. 우리는 지금 모든 것을 '유전자'라고 간편하게 부르고 있긴 하지만 앞으로는 좀더 복잡한 실체라는 것이 드러나게 될지도 모릅니다."

그렇다면 '유전자'라는 단어를 사용하는 데 많은 혼란이 있다고 주장하는 철학자들의 비판이 옳은 것인가?

"제 생각에 생화학자들은 철학자들이 유전자를 어떻게 생각하는가에는 눈곱만큼도 관심이 없을 것 같습니다. 예전에 제가 말했듯이, 과학에 있어서의 철학은 섹스에 있어서의 포르노그래피와 같습니다. 더 싸고, 더 쉽고, 어떤 사람들은 더 좋아하기도 하죠. 하지만 생물학에는 이처럼 더 많은 것을 알아낼수록 사정이 더 복잡해지는, 다소 철학적인 지점이 있습니다. 우리는 지금 다분히, 이것저것 잔뜩 알아낸 다음 우리가 안다고 생각한 것의 예외들을 발견하고 있는 입장입니다. 따라서 당분간 유전자란 무엇인가는 자로 잰 듯 분명하지는 않을 겁니다."

특정한 특징을 '위한 유전자'라는 말은 상당히 많은 마찰을 일으킨다. 예를 들어, 리처드 도킨스와 에드워드 윌슨은 둘 다 그런 말의 사용을 변호해야 할 필요가 있다고 생각한다. 존스는 그 말이 사리에 맞는 화법이라고 생각하는가, 아니면 지나치게 많은 오해를 불러일으킬 가능성이 있다고 생각하나?

"저는 그 말이 유용한 약칭이라고, 조심스럽게 사용하는 한 아마 문제가 없을 것이라고 생각합니다"라고 존스는 대답했다. "예를 들어, 폐암을 위한 유전자는 분명 존재합니다. 만일 모든 사람이 담배를 똑같이 피운다면, 폐암은 유전병이 될 것입니다. 그럴 때 담배에 들어 있는 독을 이겨내는 능력은 다분히 물려받은 유전자의 문제가 될 것이기 때문이죠. 하지만 폐암을 위한 유전자가 사람들의 흡연 습관과 무관하다고 말하는 것은 바보 같은 일이겠죠. 그 둘은 상호작용합니다. 그러므로 '…을 위한'이라는 단어는 다른 의미들도 동반한다고 볼 수 있죠. 매트 리들리Matt Ridley는 저서인 『본성과 양육』에서 유전학자들은 사실 본성 대 양육 논쟁을 하지 않는다고 강조합니다. 그들은 그것이 논쟁거리가 아님을, 본성과 양육은 둘 다 존재하고, 둘을 떼어놓는 것이 불가능하지는 않더라도 매우 어렵다는 사실을 알기 때문이라고 말이죠."

존스는 저서 『진화하는 진화론』에서, "다윈의 명제는 모든 부분이 검증에 대해 열려 있다. 사례마다 단서들—화석이나 유전자, 지질 정보로부터 나오는—은 서로 다르지만, 그 단서들 모두로부터 전 생명은 친척이라는 결론이 나온다"고 주장했다. 유전자에 대한 우리의 이해는 이 결론에 어떻게 기여할까? 우리가 유전자, 아니면 최소한 핵산의 사슬들을 확인할 수 있고, 그것을 서로 다른 종이나 유기체들이 공유한다는 사실이 요점인가?

"뭐, 그것도 주요한 점들 가운데 하나이지만 다른 점들도 있습니다. 현대의 분자유전학은 사실 비교해부학 더하기 막대한 양의 돈에 지나지 않습니다. 다윈의 주장들은 그의 탁월한 해부학 기술이 뒷받침하고 있습니다. 예를 들어, 그는 많은 종류의 삿갓조개를 관찰하고, 생김새의 엄청난 차이에도 불구하고 기본적으로 같은 방식으로 이루어져 있다는 사실을 알아냈죠. 지금은 훨씬 덜 숙달된 사람들도 어떤 생물군이든 알아볼 수 있습니다. 예를 들어, 당신이 초파리에서 평균수명을 높이는 유전자를 봤다면 데이터베이스로 가서 인간에게 들어 있는 같은 유전자를 찾아볼 수 있고, 그 유전자가 인간에서는 DNA 손상을 복구하는 기능을 한다는 사실도 알 수 있습니다. 그래서 당신은 평균수명과 DNA 손상이 관계가 있다는 사실을 알게 되는 거죠. 이 점은 초파리와 인간만큼이나 다른 생물을 만드는 설계도가 실제로는 상당히 비슷하다는 사실을 말해주죠. 유전학은 이렇듯 다윈의 주장을 옹호하는 더욱 강력한 무기를 가져온 셈이지요.”

그럼에도 단호한 반다윈론자는 십중팔구 이런 계통의 주장에 설복당하지 않을 것이다. 예를 들어 창조론자라면, 신이 유사한 메커니즘을 써서 서로 다른 유기체들이 만들어지도록 예정되어 있었을 것이라고 말할 것이다.

내가 그렇게 말하자 “그건 종류가 다른 문제입니다”라고 존스는 말한다. “저는 창조론자와 논쟁할 필요가 없다는 점에서 리처드 도킨스에게 동의합니다. 그들은 합리적인 논의를 하지 않기 때문이죠. 물론 ‘그건, 하나님께서 그렇게 하셨겠지’라고 말할 수도 있지만, 그 말은 하나님께서 믿음을 시험하기 위해 화석을 바위들 사이에 집어넣으셨을지 모른다는 필립 고스Philip Gosse의 주장과 마찬가지입니다. 뭐, 어쩌면 그 주장이 옳을지도 모르겠죠. 하지만 저는 그 견해를 뒷받침하는 증거가 나올 때까지는 믿지 않을 겁니다.”

화석 기록이 진화는 느리고 점진적으로 일어나는 것이 아니라 급격하게 진행된다는 점을 보여준다고 주장하는 사람들로부터 다윈의 자연선택에 대한 다른 종류의 도전도 나온다.

“그건 진정한 논의이고, 다행히도 생물학자들 사이에서 일어나고 있는 논의입니다. 스티븐 굴드Steven Gould는 ‘새롭고 더 일반적인 진화 이론이 등장하고 있는가’라는 그의 논문에서, 최상의 화석 기록조차도 한 형태의 유기체로부터 다음 형태의 유기체로의 분명한 도약을 보여준다고 지적했습니다. 자연은 도약하지 않는다는 점을 다윈은 유달리 강조했습니다. 그 이유는 하나의 종이 순식간에 다른 종으로 바뀔 수 있도록 허용하는 창조론적 모형을 피하기 위해서였지요. 다윈의 주장은 화석 기록이 불완전하기 때문에 굴드가 확인한 도약이 나타난다는 것이었습니다. 하지만 굴드는 도약이 실제 현상이라고 주장했죠. 일단 누구든 어떤 특정한 형태를 갖게 되면, 그 형태에서 다른 형태로 변하기는 매우 어려운 일이라서 혁명을 거쳐야 할 것이라고 말이죠. 또 그 혁명은 온갖 종류의 분열, 유전자 상호작용, 병목 현상 등등을 수반해야 할 것이라 말했습니다. 이는 흥미로운 주장입니다. 굴드는 최상의 화석 기록은 언제나 점진적이라는 사람들의 맹목적인 가정이 완전히 틀렸다는 점을 명확히 강조했습니다. 최상의 화석 기록이 불연속성을 보이는 것은 분명합니다."

"그러나 그 주장에는 두 군데의 난점이 있습니다. 첫째, 굴드와 같은 고생물학자에게는 급격한 움직임인 것이 생물학자에게는 느린 포복입니다. 따라서 사고방식에 차이가 있습니다. 그리고 둘째, 가장 전통적인 다윈론자조차도 어떤 것들은 같은 상태를 오랫동안 유지하며, 환경이 똑같이 유지될 때는 특히 그렇다는 사실을 부인하지 않습니다."

다윈론이 옳다는 것을 뒷받침하는 압도적인 증거에도 불구하고, 미국의 여론 조사는 한결같이 인간이 동물로부터 진화했다고 생각하는 사람들이 50퍼센트도 되지 않는다는 사실을 보여준다. 존스는 미국에서의 상황을 어떻게 생각하는가? 심각하게 우려할 만한 일인가?

"그 일에는 우리를 정말 우울하게 만드는 새로운 종류의 무지함이 있죠. 창조론에는 제가 진심으로 혐오하는 심각한 지적 부정직이 존재합니다. 그들은 자기 자신을 속인다는 점에서 부정직합니다. 하지만 더 중요한 것은 그들이 새로운 세대의 아이들에게 거짓말을 하고 있다는 점입니다. 그들은 자신들이 지적으로 정직하다고 거짓 주장을 하며 지적으로 부정직한 것을 퍼뜨리고 있습니다."

"지리학 수업을 시작할 때마다 지구가 둥글다는 사실의 증거를 가지고 들어가는 사람은 없습니다. 우리는 이미 그 사실을 모두 이해하고 넘어갔기 때문입니다. 우리는 진화를 이야기할 때마다 증명해야 하는 단계도 벌써 넘어갔어야 합니다. 하지만 미국 대학의 많은 생물학자들은 바로 생물학의 기본 사실들, 어렸을 적에 학교에서 배웠어야 했지만 배우지 못한 것들을 학생들에게 가르치는 데 많은 시간을 써야 합니다."

"철학은 대체로 쓸모가 없지만, 약간의 흥미로운 과학철학은 있다고 생각합니다. 저는 과학이란 어떤 것을 반증하는 것이라는 칼 포퍼Karl Popper의 견해를 좋아합니다. 만일 롤렉스시계를 차고 있는 네안데르탈인을 발견한다면, 저는 진화론을 포기할 겁니다. 하지만 아직까지 그런 증거는 나타난 적이 없지요. 아니면 태양이 태양계의 중심이라는 사실을 들어보죠. 만일 천문학자들이 어느 날 갑자기 태양이 지구 주위를 돈다는 사실을 발견한다면, 그들은 신음하며 괴로워하긴 하겠지만, 결국에는 자신들이 틀렸다는 사실을 받아들일 겁니다. 그들은 이미 이렇게 한 적이 있고요. 1905년에 아인슈타인의 상대성 이론이 나왔을 때 천문학은 모든 것을 창밖으로 내던지고 사실상 다시 시작한 겁니다. 하지만 창조론자들은 이런 식으로 생각하지 않습니다. 그들은 한 치의 의심도 없이 증명하지 못하는 한, 다윈론이 사실이 아니라고 생각합니다. 하지만 얄궂게도, 그들이 헌신하는 대상은 증거와 완전히 거리가 멀 뿐만 아니라 반증도 불가능하죠."

"진화를 다룬 문헌들에 서로 일치하지 않는 의견들이 가득하다는 점도 흥미롭습니다. 사실, 한 치의 양보도 없는 의견 차이가 많습니다. 우리가 이야기한 돌발적 움직임과 포복이 한 예이죠. 생물학자들은 다투면서 시간을 보냅니다. 교회를 다니는 사람들은, 이런 종류의 의견 차이를 도무지 보지 못할 겁니다. 그들은 하나같이 하나님은 놀라우시며, 예수는 위대했다고 생각하죠. 그래서 아주 순진한 사람에게는 마치 창조론자들의 논거가 과학자들보다 더 탄탄한 것처럼 들립니다. 물론 사실은 그 반대이죠."

다윈론과 유전자에 신경을 날카롭게 곤두세우는 사람은 창조론자들만이 아니다. 예를 들어 인문학과 사회과학에 종사하는 많은 사람들이 특정한 행동이나 특정한 성격을 설명하기 위해 타고난 요소에 호소하는 이론들을 의심한다. 특히 서로 다른 집단의 사람들을 비교할 때 논란이 된다. 고전적인 예가 바로 서로 다른 인종의 IQ 수준을 비교해서 선천적이 차이를 발견했다는 연구를 둘러싸고 벌어져온 싸움이다. 존스는 이런 종류의 연구를 어떻게 생각할까? 그런 연구에 과학적 이점이 있을까?

"그건 언제나 지저분한 쟁점이었습니다. 명백히 정치적인 의미가 들어 있기 때문입니다"라고 그는 대답한다. "골턴Galton* 이래로 이러한 종류의 연구는 우리가 생각조차 하고 싶지 않은 다양한 것들을 위해 이용되어왔습니다. 하지만 그럼에도, 여기에는 생각해볼 가치가 있는 과학적 논점이 있습니다. 어떤 한 개체군이 유전적 원인으로 다른 개체군보다 영리하다는 것이 전혀 불가능한 말은 아닙니다."

"최근에 미국에서는 의학에서 인종적 범주를 사용하는 일로 논쟁이 많았습니다. 많은 문헌들은 흑인들이 특정한 약물이나 처치에 다른 집단보다 더 잘 반응하는지의 여부를 두고 수행된 논의들을 담고 있습니다. 최근에 한 논문이 그 연구들을 모두 살펴보았습니다. 제일 먼저 발견한 것은 피부색은 가난을 대변한다는 점이었죠. 이는 너무나 명백해서 사람들이 쉽게 잊는 사항입니다. 하지만 이를 제외해도, 서로 다른 인종적 집단들 간에 약간이기는 해도 차이가 여전히 존재합니다. 특히, 다른 사람들보다 흑인에게 분명 더 잘 듣는 심장약이 있습니다. 그리고 이 결과가 불똥이 되어 논란이 일어났죠. 불과 3, 4년 전에 이 사실이 처음 제시되자, 성난 좌파들 전부가 들고 일어나 이런 식의 발언은 해서는 안 된다고 썼습니다. 하지만 이는 어리석은 일입니다. 만일 차이가 있다면, 우리는 알 필요가 있습니다."

"하지만 정말 흥미로운 점은 여기서 한 연구팀이 전 세계에서 차이들을 살펴봤을 때 발견한 사실입니다. 여러 인구 집단이 특정

* 우생학이라는 용어를 처음 사용한 인물.

한 약물에 반응하는 방식에는 실제로 차이가 있었지만, 그 차이가 전통적인 인종 분류와는 일치하지 않았던 것이죠. 예를 들어, 아프리카 서부 사람들은 아프리카 동부 사람들과 같은 식으로 반응하지 않습니다. 육안으로는 뚜렷이 구분되는 것 같은 전통적 인종 집단들이 뚜렷이 구분되지 않는다는 것이죠."

"설사 그렇다 해도, 집단들 간의 IQ 점수에 영향을 미치는 유전적 차이가 여전히 존재할 수 있습니다. 하지만 실제로 데이터는 이 결론을 뒷받침하지 않습니다. IQ의 유전가능성이 0.6이라고, IQ에서 총 편차를 1로 봤을 때 유전적 차이 때문에 생기는 변이의 비율이 0.6이라고 가정해보죠. 그리고 저는 인정하지 않지만, 미국의 흑인과 백인의 IQ가 15점 차이가 난다는 의견을 받아들여봅시다. 이런 흑인과 백인의 점수 차이는 당연히 유전적 요인 때문으로 보이기에, IQ의 차이 대부분이 선천적으로 정해진다는 의견을 지지하는 듯합니다. 하지만 이는 유전가능성이라는 단어의 의미를 근본적으로 잘못 이해한 것입니다."

"저는 종종 이를 예시하는 방법으로 고혈압의 예를 들죠. 미국에서 중년 흑인 남성의 혈압을 측정하면, 평균적으로 흑인들의 혈압이 백인 남성보다 높다는 사실을 발견할 수 있습니다. 사망률의 상당히 많은 부분이 이 이유에서 비롯되죠. 고혈압의 유전가능성은 0.4 부근입니다. 그러므로 의사들은 말할 겁니다. '맙소사, 원인은 바로 흑인들의 생활양식이야. 담배도 너무 많이 피우고, 운동도 충분히 하지 않고, 환경이 혈압을 밀어 올리고 있는 것이 틀림없어. 우리는 이 문제를 해결해야 해.' 하지만 정확히 같은 데이터를 근거로 교육자들은 이렇게 말합니다. '아, 원인은 유전이 틀림없어. 어떤 일을 해도 소용없어.' 물론 둘 다 틀린 말이죠. 우리는 일부 아프리카 계통들에는 고혈압을 유발하는 유전적 소인이 좀 있다는 사실을 알고 있습니다. 그들은 혈중 염도가 높고, 그 때문에 혈압이 높아집니다. 하지만 그들의 혈압을 높이는 환경적인 요소, 예를 들어 치즈버거를 빈번히 먹는 식생활도 원인의 일부입니다."

"따라서 서로 다른 인종 집단의 IQ 수준 차이가 얼마가 되든지 간에 그 데이터가 유전적 차이의 함수라는 주장을 뒷받침하지 않습니다. 유전학자들은 이 점을 반복해서 강조해왔지만, 어떤 사람들은 여전히 인정하지 않지요."

아마 영국에서 사람들이 가장 많이 걱정하는 유전과학의 측면은 유전자변형작물과 관계가 있을 것이다. 그러나 대부분의 과학자들은 이런 걱정을 함께하지 않는 것 같다. 예를 들어 에드워드 윌슨은 유전자변형작물을 걱정하는 것도 당연하지만 그 잠재적 이익이 위험보다 크므로 우리는 그 기술을 계속해서 사용해야 한다고 주장한다. 이 점에 대한 존스의 견해는 무엇인가?

"사실, 영국에서의 유전자변형 논란 전체가 아주 유감스러운 일이었죠. 무엇보다도 과학자들 스스로가 자신들은 대중의 의견을 듣지 않고도 앞으로 나아갈 수 있다고 경솔하게 가정했습니다. 그 가정은 물론 결코 사실이어서는 안 됩니다. 진지한 과학자라면 누구도 그렇게 주장하지 않으리라고 생각합니다."

"녹색당은 그들대로 그동안 전체적으로 철저히 부정직했습니다. 얼마 전에 저는 웨스트민스터의 센트럴 홀에서 '어떤 정당이 유럽에서 가장 환경 친화적이었는가'라는 질문을 한 뒤, 3천 명의 사람들로부터 야유를 받았습니다. 그 답에는 의심할 여지가 없습니다. 나치이죠. 나치는 완벽하게 환경 친화적이었습니다. 피의 순수성에 관심이 있었죠, 흡연을 싫어했죠, 숲을 원했죠, 운동을 열렬히 지지했죠, 또 자동차를 좋아하지 않았습니다. 반유전자변형식품 운동가들의 많은 이야기에 이상하게도 시대를 뛰어넘어 이런 피의 순수성 이야기가 나옵니다. 과장이 아니라 정말로 그렇습니다."

"녹색당은 유전자변형식품에 관한 대중의 걱정을 조작하면서, 그동안 완전히 냉소적으로 굴었습니다. 저를 정말 화나게 하는 것은 그들의 방식이 부정직하다는 사실입니다. 만일 그들이 싫어하는 것이 산업농이나 졸렬한 식품 정책이라면, 저도 그들에게 동의할 겁니다. 하지만 유전자변형식품이나 인간의 건강에 관한 완전히 겉만 번지르르한 논의로 물을 흐리는 것은 부끄러운 일입니다."

그렇다면 존스도 농작물 수확량을 높일 수 있는 잠재력이 있기 때문에 유전자변형기술은 계속할 가치가 있다고 하는 에드워드 윌슨의 견해에 동의하는가?

"글쎄요, 여기서 잠재력이라는 단어가 중요합니다. 전반적으로 말하자면, 지금까지 유전자변형기술은 생각한 만큼 큰 성과를 내지 못했습니다. 수확량이 높아지기는 했지만, 유지되지는 않았던 것이죠. 한 가지 중요한 예외는 목화로, 이 기술은 성공적이었죠. 중국에서는 유전자변형 목화가 거의 보편적이며 지극히 단순하게 보자면 분명 전통적인 목화보다 비용 효율이 높습니다. 하지만 녹색당은 그 손익 계산에 2차비용, 예를 들어 영세농민이 사라질 가능성이 들어 있지 않다고 주장합니다."

"그 일은 미국에서 하이브리드 옥수수가 개발되면서 실제로 일어났고, 극적인 영향을 미쳤죠. 농부들은 더 이상 자신의 농작물에서 다음번에 심을 종자를 얻을 수 없었습니다. 그들은 종자를 공급하는 공장으로 돌아가야 했죠. 이 회사들은 무자비해서 영세농민들이 어쩔 수 없이 농업을 접게 만들었고, 이제는 완전무결한 기업농이 들어서면서 영세농민들 대부분이 사라졌습니다."

"그럼에도 역시, 미국의 기업농은 세상에서 가장 효율적인 사업입니다. 기본적으로 세계를 먹여 살리죠. 그러니 문제는 '모든 사람들을 먹이느냐, 아니면 농장에 영세농민들을 멋으로 남겨두느냐'라고 생각합니다. 세상을 먹여 살려야 한다는 것이 제 생각입니다. 소규모 농업은 결코 식량을 재배하기에 가장 효율적인 방법이 아닙니다. 그렇다고 말하는 건 지적인 부정직이겠죠."

유전자변형작물의 즉각적인 이익이 과대평가되어왔다는 존스의 의견은 인간게놈프로젝트를 둘러싼 일부 과대광고에 제기되어온 비판과 일치한다. 인간의 게놈 지도가 완성되자, 대중매체는 그 성과가 새로운 의료 기법으로 이어질 것이라는 사실을 중요하게 다뤘다. 그러나 과학계 안의 사람들은 얼마나 걸릴 것인지 상당히 비관적으로 바라봤다고 말하는 편이 옳을 것이다. 예를 들어 정신과의사인 로빈 머레이Robin Murray는, 아주 최근까지도 정신분열증과 연관된 유전자 찾기는 언제나 실패로 끝났다고 지적했다. 그렇다면 우리의 유전학과 인간 게놈 지식이 건강과 수명의 관점에서 우리에게 언제쯤 큰 이익을 가져다 줄 것으로 기대할 수 있을까?

"예측은 언제나 어렵지만, 최초의 희망이 과장되었다는 것은 분명합니다. 그 가운데 일부는 허풍이었지만, 일부는 단순한 낙관이었죠. 최초의 정신분열증 유전자는 1991년에 여기 유니버시티 칼리지 런던에서 발견되었습니다. 문제는 다른 어느 누구도 다시 찾을 수 없었다는 점이었죠. 그러나 유전학 덕분에 지금은 정신분열증이 하나 이상의 질병인 것 같다는 사실을 알고 있습니다. 그런 의미에서 유전학은 실제로 많은 일을 했습니다. 심장병이 또 다른 예이죠. 많은 심장병이 같은 증상을 보이지만, 유전자 검사를 받으면 그 문제의 정확한 원인을 알아낼 수 있고, 적절한 약물로 치료할 수도 있습니다."

"따라서 유전학은 이미 의학의 중요한 일부입니다. 당분간은 치료보다 진단에서 더 중요하겠죠. 하지만 역사적으로 진단은 새로운 치료법으로 가는 첫 번째 단계였습니다. 그러니 지금 사람들이 유전학의 영향력을 전보다 냉정하게 보고 있지만 유전학에 극적인 변화로 이어질 가망이 없다고 생각하는 것은 옳지 않을 겁니다. 지금은 아주 많은 사람들이 유전병으로 죽습니다. 만일 영국에서 50세 이전에 죽는 사람들을 완전히 없애버린다 해도, 평균수명은 12개월밖에 늘어나지 않을 겁니다. 외부에 있는 적, 말하자면 전염병, 사고 등등은 서구 세계에서 확실히 패배했습니다. 다시 말해 우리가 이긴 것이죠. 일시적인 현상일 뿐일 수도 있지만, 최근의 전투는 우리의 승리로 끝났습니다. 우리를 죽이는 것은 내부에 있는 적입니다. 심장병, 암, 당뇨병 등등, 거의 모두에 유전적 요소가 있습니다. 따라서 이 병들의 유전적 기초를 연구하지 않는 것은 바보짓일 겁니다. 이해하지 않고서는 정복하지도 못할 테니까요."

이 부분에는 우리가 건강과 관련된 개인적인 운명을 알려주는 지식들을 얻게 되면서 불거질 여러 쟁점들이 있다. 예를 들어, 불치의 치명적인 유전병인 헌팅턴병은 검사를 받아 발병 여부를 알아낼 수 있지만, 병에 걸릴 위험이 있는 모든 사람이 검사를 받으려 하지는 않는다. 어쩌면 미래에는 바로 이런 종류의 상황을 우리 모두가 어떤 형태로든 마주치게 되지 않을까?

"그렇습니다. 하지만 사실 이미 누구나 의사의 진찰실로 걸어 들어가면, 앞으로 얼마나 더 살 수 있을지를 5분 안에 알 수 있습니다. 연령, 체중, 성별, 혈압, 흡연여부, 소득 수준, 이 여섯 가지 요인이 평균수명을 결정하는 전체 데이터의 약 75퍼센트를 차지합니다. 현재로서 유전학은 인구의 99퍼센트와 무관합니다. 물론 검사를 받은 뒤 예컨대 헌팅턴병이 있다는 사실을 발견할 사람들도 있을 테죠. 하지만 현재로서 이 사람들은 인구의 아주 작은 부분에 불과합니다. 물론 이 부분은 점점 커지겠지만, 흡연이 평균수명에 미치는 막대한 악영향에도 불구하고 사람들이 기꺼이 담배를 피우는 것을 생각하면, DNA 검사가 가령 심장병에 걸릴 소인이 있다고 알려준다 해도 사람들이 지나치게 걱정할 것 같지는 않습니다."

그렇다 해도 보험회사는 이런 상황을 환영할까? 의료보험 같은 부분에서 이런 지식들이 상황을 다소 어렵게 만들지는 않을까?

"보험회사들은 돈을 버는 사업을 합니다. 그들은 고객이 아는 것보다 더 많은 가능성을 알려고 하죠. 생명보험회사 사람들은 신경 쓰지 않을 겁니다. 생명은 살아 있든지 죽었든지 둘 중 하나이니까요. 의료보험의 경우는 사실 정말 더 어렵습니다. 예를 들어 당신이 헌팅턴병에 걸렸다면, 20년 동안 살아 있으면서 보험회사에 엄청난 돈을 청구하겠죠. 여기서 어떤 일이 벌어질지는 그다지 분명치 않습니다. 아마 보험회사는 그냥 심호흡 한 번 크게 하고 처리해줄 것 같긴 합니다. 문제는 검사를 받는 사람들이 자기가 위험하면 보험에 들겠지만 그렇지 않으면 들지 않으리라는 사실을 보험회사가 안다는 점이죠. 사람들이 그렇게 하면 의료보험 산업은 엉망이 됩니다. 그러니 보험회사 사람들은 그저 유전자 검사에 관해서는 잊고 싶다고 할 것 같습니다. 당분간은 '검사를 받았다면 알려야 한다'가 규약이 되겠죠. 하지만 유전자 검사가 점차 표준적인 진단의 일부가 되면서, 십중팔구 미래까지 유지되지 못할 겁니다. 이 모두에 대한 제 대답은 사람들이 현실적으로 생각해야 한다는 것입니다. 우리는 모두 유전적 손상을 지니고 있습니다. 그걸 안다고 해서 도움이 될까요? 아마 그렇지 않을 겁니다."

『진화하는 진화론』에서 존스는 인류라는 종이 사라질 수도 있다고 암시한다. 진화가 작동하는 시간 단위 때문에, 그리고 거의 모든 종의 역사가 결국에는 사라지는 것이기 때문에 그런 것인가?

"그런 것들도 사실이지만 호모 사피엔스는 어떤 의미에서는 진화 밖으로 빠져나온 종이라서 표준적인 진화적 예측은 사실 우리에게 별로 많은 것을 알려주지 않습니다. 호모 사피엔스에 관해서 압도적인 진실 한 가지는, 진화의 관점에서 우리는 지나치게 수가 많다는 사실이죠. 모든 포유류를 대상으로 몸 크기와 개체 숫자 사이의 관계를 보여주는 선을 하나 긋는다면, 모든 포유류가 그 선 위에 놓일 겁니다. 단 호모 사피엔스만이 예외로 예상치보다 1만 배나 더 흔하게 존재합니다. 세계의 인구는 원래 런던에 있는 캠던 구의 인구 정도가 되어야 합니다. 아무도 캠던 구의 사람들만 남길 바라지는 않겠지만요! 우리는 엄청나게 수가 많은 종입니다. 번성한 종에 유행병이 돌기 쉽다는 것은 잘 알려진 사실이죠. 우리는 수가 많을 뿐만 아니라, 돌아다니기까지 합니다. 그러니 우리는 여러 큰 병에 걸릴 위험에 확실히 노출되어 있죠. 하지만 제가 종종 말하듯이, 저는 다윈보다 아인슈타인이 훨씬 더 두렵습니다. 다시 말해서 생물학적인 어떤 것보다도 우리의 정치적인 어리석음이 우리를 끝장내기가 더욱 쉽다고 생각합니다."

그렇다면 호모 사피엔스는 진화의 추세를 거스르고 백만 년 뒤에도 여전히 돌아다닐 수 있을까?

"전혀 말이 안 되는 소리는 아닙니다. 제가 때때로 취하는 입장은 자연선택은 유전되는 차이들에 의존한다는 것이지요. 인간의 경우는 자연선택이 멈추었습니다. 아주 많은 개인들이 충분히 오랫동안 살아남아서 자신의 유전자를 전달하며, 이는 자연선택의 가능성이 사라졌다는 뜻입니다. 앞으로 지속되지 않을 수도 있지만, 당장은 분명한 사실입니다. 호모 사피엔스는 앞으로도 한동안은 돌아다닐 수 있을 겁니다."

2. 진화심리학과 빈 서판

• 스티븐 핑커와의 인터뷰

스티븐 핑커Steven Pinker

2003년, 하버드 대학 심리학과에서 존스턴 가家 교수직을 맡았다. 그전까지는 메사추세츠 공과대학MIT에서 학생들을 가르치며 21년을 보냈다. 『언어본능』, 『마음은 어떻게 작동하는가』, 『빈 서판』을 포함한 수많은 베스트셀러의 저자이다. 인지와 언어에 관한 연구로 미국 과학원으로부터 트롤랜드상을 받았으며 미국 심리학협회상도 두 차례 수상했다.

WHAT SCIENTISTS THINK

당신이 사회학을 공부했다면, 인간의 행동을 결정하는 데 있어서 생물학은 거의, 또는 전혀 역할을 하지 않는다고 배웠을 가능성이 높다. 예를 들어 사회 안에 갈등이 있다면, 그것은 선천적인 공격적 성향 때문이라고 설명되지 않는다. 그보다는 사회 규범 체계 붕괴의 작용, 혹은 적대적인 사회 집단들 사이의 근본적인 이해 충돌에서 온 결과 정도로 여겨진다.

이런 식으로 생물학을 배제하는 경향은 인간의 마음을 바라보는 특별한 관점에 입각한 것이다. 레다 코스미데스Leda Cosmides와 존 투비John Tooby가 표준사회과학모델The Standard Social Science Model, SSSM이라 부른 이 관점은, 마음에는 구체적인 내용이 전혀 없다고 말한다. 마음은 단순히 학습이나 추리와 같은 과제에 알맞은 다목적 기계라는 것이다. 그러므로 인간의 마음에서 발견되는 것은 무엇이든 외부로부터, 곧 환경과 사회적인 세계로부터 온 것이다. 결론적으로, 예를 들어 인간에게 배타적인 소집단을 선호하는 경향이 있다면, 그 이유는 친숙한 사람들이 좋다는 사실을 그들이 학습했기 때문이지, 모르는 것보다 아는 것을 좋아하는 성향이 그들에게 내재되어 있어서가 아니다.

그러나 이 마음의 모델은 점차 명성이 떨어지고 있다. 지금 나타나고 있는 논란의 씨앗은 1970년대 말 사회생물학의 등장과 함께 심어졌다. 사회생물학은 어떤 사회적 행동이 개인의 진화론적 적합성에 어떻게 기여하는가 하는 관점에서 그 행동을 설명하고자 한다. 그러나 인간 본성에 관한 생각을 중심 무대에 올려놓은 것은 사회생물학이지만, 표준사회과학모델에 가장 큰 도전을 제기하는 것은 바로 진화심리학이다. 특히 하버드 대학 심리학과의 존스턴 가 교수인 스티븐 핑커와 같은 진화심리학 지지자들은 뇌는 표준사회과학모델의 생각처럼 다목적 기계가 아니라 기능적으로 구별되는 수많은 부품들로 이루어져 있으며, 그 부품들은 우리의 진화적 과거에서 특정한 문제들을 해결하기 위한 해답으로서 고안되었다고 주장한다.

핑커에게 물어보았다. 마음이 구별되는 부품들로 이루어져 있다는 이 제안을 뒷받침하는 증거로는 어떤 것이 있을까?

"그 증거는 온갖 출처로부터 나옵니다. 예를 들어, 자폐인은 직관적 심리 기능이 선택적으로 손상됩니다. 자폐증이 있는 사람은 '틀린 믿음 검사false belief test*'를 통과하지 못할 겁니다. 다시 말해, 그들은 세상을 자신과 다르게 바라보는 사람들의 마음을 제대로 예상

* 아동에게 다음 같은 장면을 보여준다. 샐리와 앤이 놀다가 인형을 A 상자에 치운다. 앤이 나간 사이 샐리가 인형을 B 상자로 옮겨놓는다. 그리고 아동에게 앤이 돌아와서 인형을 어느 상자에서 찾을 것 같냐고 물으면, A 상자라고 답해야 검사를 통과하는데, 자폐아는 흔히 B 상자를 지목한다.

하지 못합니다. 그러나 그들도 '틀린 사진 검사false photograph test'는 통과합니다.* 곧 사진이 자신의 현재 지식과 다른 현실을 나타낼 수 있다는 사실은 이해할 수 있습니다. 이 두 과제는 형식은 유사하기 때문에 이는 다른 사람의 마음 내용을 개념화하는 능력에만 선택적으로 결함이 있음을 암시합니다."

"선택적 장애에는 다른 예들도 있습니다. 예를 들어 실어증의 경우에는 언어를 잃어버리지만 지능의 다른 많은 측면들은 그대로 남습니다. 사례 연구에 따르면 틀린 믿음 검사와 같이 직관적 심리에 속하는 문제를 푸는 능력 역시 남는 부분에 속하지요. 윌리엄스 증후군이라는 유전병도 있는데, 이 병은 3차원 공간 관계를 개념화하지 못하는 장애와 관련이 있지만, 언어, 직관적 심리, 사회적 기술을 포함한 다른 영역의 능력에는 영향을 훨씬 덜 미칩니다."

마음이 다목적 기계라고 굳게 믿는 사람들은 이러한 종류의 증거에 어떻게 반응할까?

"그들은 마음이 균일한 구조로 출발하지만, 세상으로부터 들어오는 감각 입력의 통계적인 우연성 때문에 뇌가 서로 다른 영역에 서로 다른 과제들을 기능적으로 배분한다고 말할 테죠. 하지만 유전자 결함이 사람의 3차원 공간 개념화 능력에 영향을 미칠 수 있다

* 녹색 찬장에 있는 초콜릿의 사진을 찍는다. 사진을 현상하는 동안 초콜릿을 파란색 찬장으로 옮긴다. 사진이 나온 뒤 실제로 초콜릿은 어디 있으며 사진의 초콜릿은 어디에 있는지 묻는다. 두 질문 모두에 정확하게 답해야 검사를 통과한다.

는 증거는 마음이 균질한 구조라는 생각과는 양립할 수 없습니다."

"일반적인 문제는 타고난 구조라고는 전혀 없는 학습 장치가 어떻게 정상적인 인간이 달성할 수 있는 모든 것들을 달성할 수 있는지 설명하는 명확한 이론을 내놓은 사람이 아무도 없다는 점이죠. 그런 장치를 가정하려고 해도 결국은 많은 종류의 타고난 구조를 끌어들일 수밖에 없습니다. 철학자 콰인W. V. O. Quine은 어떤 관찰 사항들의 집합을 모순이 없이 일반화하는 방법은 언제나 무수히 많기 때문에, 어떤 학습 체계도 모종의 선천적인 조직 없이는 학습할 수 없다고 논리적으로 지적했습니다. 대표적인 경험주의자인 스키너B. F. Skinner조차도 동물들이 어떻게 훈련받은 자극에서 훈련받지 않은 자극으로 일반화를 할 수 있는지 설명하기 위해서는 타고난 유사성similarity이라는 여지를 남겨야 했죠. 유사성은 판단 주체에 따라 달라지는 것이므로, 다른 것은 아무것도 없더라도 최소한 유기체가 유사성의 측정 기준만큼은 타고나야 한다고 말입니다. 이 논리적 지적은 인지 과정의 작동 방식을 이야기할 때 반드시 짚고 넘어가야 하는 부분입니다."

그렇다면 진화심리학은 뇌를 불균질하고 복잡한 구조라고 생각한다고 할 수 있을 것이다. 하지만 그렇다고 별개의 부품으로서 구분되는 특정한 뇌의 덩어리들이 있다는 말은 아닐 것이다. 그보다는 물리적이 아니라 기능적으로 구별되는 뇌의 부품들이 있다는 이야기인가?

"맞습니다. 혈액이나 림프계와 같은 몸의 기관으로 비유를 할 수 있겠죠. 이들은 둘레에 점선을 두르고 안팎에 화살표를 하나씩 그릴 수 있는 기관이 아닙니다. 그럼에도 특정한 생물학적 기능을 수행하는 특징적인 성질은 분명히 있죠. 컴퓨터의 하드디스크도 서로 다른 프로그램과 파일들로 분명하게 나뉘지 않습니다. 데이터는 물리적으로 디스크 전체에 조각조각 흩어진 상태로 실행될 수 있습니다. 분명 뇌는 최소한 그만큼은 역동적입니다. 아마 연결망의 속도 문제를 빼놓는다면 기능적 부품들의 공간적 분포에는 인과적 중요성이 거의 없을 겁니다. 기능 단위가 뇌 안에서 공간적으로 깔끔하게 구분되어 있을 이유는 없습니다. 뇌는 미세회로 안의 적합한 연결망을 통해 적합한 방식으로 정보를 처리하기만 하면 됩니다."

"물론, 뇌의 기관들은 분명 무언가를 물리적으로 실행하니까 우리가 뇌를 기능적 계통에 따라 해부하는 법을 더 많이 이해한다면 이 물리적 실행의 실체가 발견될 것이라고 기대할 수도 있겠죠. 그렇더라도 그 실체는 큰 덩어리들이 아니라 아마도 회로들과 관계가 있을 겁니다."

아마도 진화심리학이 마주하고 있는 중요한 과제는 인지 능력, 행동 성향 등을 특색 있게 만드는 뇌의 다양한 기관들이 애초에 무엇을 달성하기 위해 진화했는지, 그리고 각각의 사례가 일단 적응인지 아닌지를 확인할 수 있는 기법을 개발하는 일일 것이다. 핑커는 그래서 '역설계reverse-engineering'에 착수할 필요가 있다고 이야기한다. 역설계에 적용할 수 있는 일반적인 원칙이 있을까?

"시스템이 실행하도록 설계된 기능은 무엇이든지 간에 직접 또는 간접적으로 다윈론적인 이익을 지니고 있을 겁니다. 따라서 훌륭한 역설계는 마음의 한 부분이 궁극적으로 번식을 촉진하는 기능을 한다는 것을 보여주어야 하겠죠. 보통 목숨을 유지하고, 절벽에서 떨어지지 않는 것, 친구를 만들고 사람들에게 영향을 미치는 것, 세상을 제어할 수 있을 만큼 잘 이해하는 것, 짝 찾기 등등과 같은 하위목표들을 달성하는 종류의 기능을 들 수 있겠죠. 또 이런 목표들을 달성하기 위한 것으로 추정되는 메커니즘은 인간이 진화한 환경에서 목표를 달성할 수 있어야 합니다. 그 메커니즘이 우리가 알기로 최근에 형성된 환경들, 예를 들어 정부, 문자, 현대의학에 의존해서는 안 되겠죠."

"역설계는 역설계자가 특정한 적응 결과를 달성하는 설계를 생각해내지 못하면 실패합니다. 예를 들어, 저는 음악을 대상으로 하는 적응론적 설명들에는 전부 공감이 가지 않습니다. 이제까지 음악의 진화적 기능이라고 제안된 의견들은 음악이 음악을 담당하는 것으로 추정되는 유전자의 복사본 숫자를 늘리는 진화론적 목표에 어떤 구실을 하느냐는 질문에 답하지 못합니다. 예컨대 누군가가 음악의 기능은 그 사회를 단합시키는 것이라는 가설을 내놓는다면, 문제는 특정한 화음과 리듬이 있는 음향 신호를 듣는 것이 어째서 어떤 유기체의 집단을 단합시키는지 설명하는 것입니다. 이는 사람들이 애초에 어째서 음악을 듣느냐라는 질문만큼 커다란 수수께끼이죠. 아마 전 그럴 것이라고 생각하지만, 설사 집단 결속이 정당한 진화론적 기능이라 하더라도, 뇌가 어떤 화음과 리듬으로 꾸며진 소리들을 들을 때 결속감을 얻도록 조직되어 있다고 미리 가정하지 않는 한, 음악의 성질들에서 집단 결속으로 인도하는 독립적 설계 분석은 없습니다. 하지만 그 가정은 우리가 설명해야 하는 부분이죠."

음악의 적응론적 설명에 관한 핑커의 회의론은 흥미롭다. 어떤 비평가들은 진화심리학이 우리의 진화적 과거에서 모든 인지적 속성이나 행동적 성향이 적응을 위한 것이었다고 설명하기 위해 무無로부터 그저 '그럴듯한' 이야기를 꾸며내는 일에 종사하고 있다는 암시를 하기 때문이다. 좀더 명확히 말하자면 우리는 우리가 겪은 진화적 압력을 자신 있게 자세히 묘사할 만큼 인간의 진화적 과거를 충분히 알지 못한다는 것이다. 이런 비판은 정당할까?

"특정한 가설과 연구 프로그램들에는 분명 문제가 있지만, 전체적인 사업에서는 원칙적으로 문제가 되지 않습니다. 사실 우리는 우리가 진화한 환경을 잘 알고 있습니다. 특정한 역사적 발달이 언제 일어났는지 우리가 알기 때문이죠. 예를 들어, 우리는 5만 년 전에 컴퓨터나 식기세척기, 문자, 조직된 도시, 정부, 법률, 현대의학이 없었다는 사실을 압니다. 부정적인 말이기는 하지만 다음과 같은 문장은 중요한 의미를 담고 있습니다. 예를 들어, '복수하려는 성향은 생물학적 적응이다'라는 명제는 우리의 진화적 과거에 경찰력이나 재판체계가 없었다는 사실과 맞물립니다."

"또 세상에는 인간을 포함한 모든 포유류가 반복해서 마주치는 일정한 적응 문제들이 있습니다. 우리는 우리의 조상들이 짝을 유혹해야 했다는 사실을, 맹수와 기생충에 공격당하고, 위험에 노출되고 굶주림에 시달릴 수 있었다는 사실을 알고 있습니다. 우리는 도구가 최소한 250만 년 동안 인간 생활양식의 일부였다는 것과 육류가 수백만 년 동안 인간 먹거리의 일부였다는 것을 고인류학의 연구에서 알게 됐지요. 우리가 모든 것을 알지 못한다는 것도 사실이지만, 대단히 많이 아는 것도 사실입니다."

그렇다면 좀더 잘 확립된 진화심리학의 이론이나 사실들은 인식론적 지위가 어떨까? 그렇다 해도 아마도 자연과학에서 얻는 정도의 확실성은 영원히 얻지 못하지 않을까?

"그렇습니다. 물론 얻지 못하겠죠. 하지만 그건 잘못된 비교입니다. 예를 들어, 물이 끓는 온도는 물리적 세계의 단순한 사실입니다. 하지만 인간은 우주에서 가장 복잡한 존재에 속하고, 어쩌면 그 가운데에서도 최고로 복잡할 겁니다. 인간처럼 복잡한 것들에서는 끓는점에 해당하는 법칙이 나오지는 않겠지요. 진화심리학과 물리학을 비교하는 것은 옳은 비교가 아닙니다. 진화심리학과 비진화심리학을 비교해야 옳습니다."

이러한 종류의 질문들 가운데 일부는 사람들이 다윈주의 설명을 무너뜨리려 할 때 사용하는 전술과 상관이 있다. 극단적인 예를 들자면, 성경의 창조론을 믿는 사람들은 흔히 지금까지 종의 분화를 관찰한 사람이 아무도 없었기 때문에(이는 사실이 아님을 밝혀야겠다) 과학적 사실이 아니라 여전히 하나의 가설이라고 주장한다. 이런 주장이 사회과학에 가까운 자연과학의 인식론적 지위라는 쟁점을 흥미로운 질문으로 만드는 것은 분명해 보인다.

이 점을 지적하자 핑커는 "그 둘은 비교할 수 없는 대상입니다"라고 답했다. "심리학에 물리학이나 한 술 더 떠 무미건조한 역사적 사건들의 연대 결정에 요구하는 것과 같은 수준의 확신을 요구한다면, 도저히 심리학을 할 수 없을 겁니다."

하지만 창조론자들이 진화론을 두고 하는 주장, 예를 들어 종의 분화 같은 것들에 관해서는 정말로 확신할 수 없다는 주장은 어떻게 봐야 하는가?

"생물학은 물리학보다 덜 확실하고, 심리학은 생물학보다 덜 확실한 것은 사실입니다. 그렇다 해도 진화론에 대한 신뢰 수준은 99.999퍼센트는 될 것입니다. 뉴턴의 법칙에 적용되는 99.9999퍼센트만큼은 신뢰 수준이 높지 않을 뿐이죠. 하지만 진화론이 100퍼센트 확실하게 증명되지 않았다고 해서 의심할 정당한 근거가 있다는 주장은 꽉 막힌 태도입니다. 진화의 경우는 서로 다른 출처로부터 나와 한 곳으로 모이는 증거들이 다윈론을 거부할 수 없는 사실로 만듭니다."

마음과 행동의 생물학적인 설명에 가장 흔히 퍼붓는 비판들 가운데 하나는 결정론적이라는 비판이다. 다시 말해 생물학적 설명들이 인간의 지위를 유전자의 명령을 맹목적으로 따르는 자동인형으로 떨어뜨린다는 것이다. 이런 종류의 비판에 귀 기울일 점이 있는가?

"대부분의 사람들은 결정론을 비난할 때 자신들이 무슨 소리를 하고 있는지 전혀 알지 못하죠. 어떤 내용도 없이 그저 나빠 보이게 만들 작정으로 하는 실체 없는 비난에 불과하죠. 예를 들어, 특정 한 행동을 '위한' 것이라고 말하는 유전자에서 언제나 그 행동이 나올 것이라고 믿는 사람은 아무도 없습니다. 진화생물학에서 '…을 위한 유전자'란 다른 대립유전자와 비교할 때 유기체가 어떤 환경에서 특정한 행동을 나타낼 확률을 높여주는 유전자의 약칭이지요. 결정론에 대한 비난은 짧게 부르는 생물학적 약칭을 문자 그대로 오해한 것에서 비롯합니다. 결과가 100퍼센트의 확률로 일어난다는 수학적 의미에서 인간 행동을 결정론적이라고 제안한 사람은 아무도 없었습니다."

이러한 종류의 결정론에 비난을 퍼붓는 과학적으로 유식한 비평가들이 자신들이 허수아비를 공격하고 있다는 사실을 모른다고는 도저히 생각할 수 없다. 그러면 리처드 르원틴Richard Lewontin이나 스티븐 로즈Steven Rose와 같은 사람들의 비판은 정치적인 관심사가 우선하기 때문일까?

"르원틴과 로즈는 자신들의 동기가 대부분 정치적이라는 사실을 숨기지 않습니다. 그들은 공저인 『우리 유전자 안에 없다』에서 자신들의 비판적 과학을 사회주의 사회를 창조하기 위한 투쟁의 필수적인 부분으로 본다고 말하며, 과학 이론으로부터 정치적 동기를 분리할 수 없다고 주장하죠. 그들은 또 마음과 행동을 설명하려는 유전적이고 진화적인 접근들이 완전히 실패했다는 생각에 너무 집착한 나머지, 그러한 주장들의 합리적인 해석을 고려하는 것이 아니라 그 주장들에서 나올 수 있는 가장 단순한 해석을 비판하는 데 그치지요."

유전적이고 진화적인 접근이 인간 행동을 설명하는 데 중요한 역할을 전혀 하지 않는다는 관점은 거의 언제나 마음이 '빈 서판'이라는 생각, 즉 마음의 구체적인 내용은 외부로부터 들어온다는 생각과 결합되어 있다. 그러나 이 관점은 예를 들어 남성과 여성 사이에 존재하는 일관적인 성적 행동의 차이와는 일치하지 않는다. 여러 증거들은 모든 문화에서 남성은 여성보다 더 많은 수의 파트너를 원하고, 외모를 더 고려하고, 또 반면 여자들은 상대의 경제적 지위를 더 중요시하고, 상대의 외도를 더 걱정하는 등등의 경향이 있다는 사실을 보여준다. 빈 서판 관점이 이런 종류의 문제를 설명할 수 있을까?

"어려울 뿐만 아니라, 결국 될 수 있는 일도 아니라고 생각합니다. 만일 모든 사람의 서판은 비어 있다고 믿는다면, 남성과 여성의 서판은 같아야만 하겠죠. 남녀 사이에 있는 모든 차이는 남자아이와 여자아이를 기르는 방식이나 남녀의 행동에 뒤따르는 보상 같은 마음 외부의 요인 때문에 생기는 것이겠고요."

"그렇다면 모든 문화에서 일관적인 성적 차이를 설명하기 위해 선택할 수 있는 답은 크게 두 가지뿐입니다. 첫째는 역사적 사건을 끌어들이는 것이죠. 아마도 모든 인간 문화가 어쩌다 그런 성적 차이를 가지게 된 선사문화와 이어져 있으리라는 이야기입니다. 두 번째는 문제 영역에 영향을 주는 다른 원인들을 끌어들여서 그 원인들의 결과로 성적 차이가 생겼다는 설명입니다. 예를 들어 모든 사회에서 모든 경제적 힘을 남성이 가지고 있다면, 여성은 상대의 지위와 수입을 따지게 될 것입니다. 여성이 부를 얻을 수 있는 수단은 그뿐이니까요. 이건 검증해볼 수 있는 합리적인 가설입니다. 검증을 위해 여성이 남성보다 부유한 사회에서는 지위가 높고 부유한 상대에 대한 여성의 선호가 감소하는지를 확인해볼 수 있습니다. 그리고 여기에서도 답은 '그렇지 않다'입니다."

핑커는『빈 서판』에서 마음과 행동을 생물학적으로 설명하는 것을 사람들이 두려워하는 이유는, 특정한 사람들의 집단 사이에 타고난 차이, 예를 들면 앞서 말한 성적 차이들과 같은 차이가 있다는 사실이 밝혀지면, 아마도 차별과 억압으로 이어질 것이라고 생각하기 때문이라고 주장했다. 이 두려움은 정당할까?

"빈 서판 학설이 주는 정치적 안도감은 0은 0과 같다는 수학적 사실에서 나옵니다. 우리가 모두 빈 서판이라면, 우리는 모두 평등하리라는 것이죠. 그렇다고 해서 우리가 빈 서판이 아니라면 인종이나 성 간에 상당한 차이가 있는 것이 당연하다는 말은 아닙니다. 물론 그 차이가 분명 있을 수 있다는 사실을 우리는 남성과 여성의 경우에서 이미 보았습니다. 이 가능성에 대한 대답은, 우리에게 무엇이 가장 도덕적인 위안을 주는가를 근거로 경험적 사실들을 정립할 수는 없다는 것입니다. 우리의 도덕적 신념은 확인된 가치들을 바탕으로 한 논증에 뿌리를 두어야 합니다. 한 가지 분명한 점은 사람은 그 사람 개인의 자질을 근거로 평가받아야 하며 인종이나 성을 이유로 사람들을 속단해서는 안 된다는 것입니다. 이런 가치가 확립된다면, 우리는 특정 집단의 평균적인 특질이 어떻게 밝혀지든지 간에 상관없이 반차별과 기회평등의 정책을 고수할 수 있을 겁니다. 개인을 판단할 때 우리가 세세한 통계치는 신경 쓰지 않듯이 말이죠."

만약 우리가 특정 집단들의 평균적 특질이 서로 다를 수 있다는 가능성을 간단히 거부해버린다면, 언젠가 미래에 그 사실을 뒷받침하는 부인할 수 없는 증거가 드러났을 때에는 곤란해질 것이다. 더 이상 설 자리가 없을 테니까 말이다.

이런 질문에 "지당한 말입니다"라고 핑커가 동의한다. "중요한 도덕적 가치들이 경험적 독단으로 결정된다면, 우리는 이 가치들을 운에 맡기는 셈입니다. 미래의 발견이 그 가치들을 쓸모없는 것으로 만들 가능성이 존재하니까요. 명백히 비난받아야 할 것을 비난하려면 경험적 독단보다는 더 단단한 기반이 필요합니다."

마음과 행동의 생물학적 설명과 관련된 두 번째 난점은 아마 타고난 특질과 차별에 관한 우려보다 처리하기가 더 어려울 것이다. 자유의지와 도덕적 책임과 관련해서도 문제가 있다. 우리에게 자유의지와 도덕적 책임이 있다고 여기는 데는 그만한 이유가 있다. 설사 어떤 의미에서 이 자유의지나 도덕적 책임이 우리에게 없다는 사실이 밝혀지더라도 말이다. 그러나 그런 상황이 정말 일어난다면 어떻게 될까? 예를 들어 우리가 뇌를 좀더 잘 이해하게 되어 어떤 사람들의 뇌에 있는 모종의 문제가 그들의 도덕적 판단 능력을 떨어뜨린다는 것을 알게 된다면 어떨까? 이 상황에서도 이 사람들의 행동에 도덕적인 책임을 물을 수 있을까?

"그 점은 쟁점을 복잡하게 만들기는 하지만 전혀 손댈 수 없거나 행동의 실질적인 분석에 근본적인 문제를 일으키지는 않습니다. 명확한 사례를 들어보죠. 다섯 살배기가 놀다가 친구를 쏘았다고 가정해봅시다. 우리는 다섯 살짜리 아이가 비난을 받아야 한다고 생각하지 않습니다. 왜 그럴까요? 제 생각에 그 이유는 비난의 정당성 여부를 판단하는 직관이 억제력을 판단하는 직관과 밀접하게 묶여 있기 때문입니다. 사람들은 보통 분명히 정해진 행동의 한계가 있고 그 한계를 벗어나는 행동을 처벌하는 방침도 있는 사회 속에 집어넣으면 행동이 달라집니다. 그러나 우리는 대개 다섯 살은 여기에 해당하지 않는다고 느끼죠. 그 아이의 행동을 일으키는 뇌 체계 안에는 범죄에 대한 처벌이라는 위협이 입력되지 않았다고 여기는 것이죠. 책임이라는 체계의 도덕적 목표가, 해로운 행동을 최대한 방지하면서 이 첫 번째 목표로 정당화할 수 없는 처벌을 최대한 피하는 것이라면, 우리는 다섯 살 먹은 아이를 가두지 않을 겁니다. 그 아이를 처벌한다고 해서 다섯 살배기들 사이에서 살인 발생률이 전반적으로 감소하지는 않을 테니 말이죠."

"어려운 문제는 우발적 사건에 대응하는, 이른바 '책임감'이라는 신경 장치가 없는 사람은 어떻게 하느냐는 부분입니다. 어떤 의미에서 우리는 정신이상의 변호와 예방차원의 구금이라는 쟁점과 함께 그 문제와 이미 맞닥뜨리고 있지요. 만일 당신에게 누군가가 자해를 하거나 다른 누군가를 해칠 것이라 믿을 만한 강력한 이유가 있다면, 당신은 복잡한 법적 절차를 거쳐 그 사람을 가둬버릴 수 있습니다. 보통은 정신병원에 가두겠죠. 이상적인 시스템은 아닐 수 있지만, 우리는 이미 이 문제를 이렇게 처리하고 있습니다. 우리가 미래에 마주할 과제는 더 어렵겠지만, 이와 근본적으로 다르지 않을 것이라 봅니다."

이런 문제를 처리하기 위한 정책으로서 이 시스템은 명확하고 사리에 맞다. 하지만 적절한 도덕적 추리를 하기 위한 신경장치가 없는 사람들이 여전히 비난받아 마땅한지에 관한 의문은 그대로 남는다.

"저는 존 레논John Lennon을 살해한 마크 데이비드 채프먼Mark David Chapman이 미치광이였다는 사실을 알면서도 여전히 그를 증오합니다. 그를 미워하는 것이 옳은 일일까요? 답하기가 쉽지 않은 문제입니다. 만일 그가 많은 사람들이 자신을 미워하며 자신이 존 레논을 쏜 동기들 가운데 하나인 명성을 얻기보다 미움을 더 많이 받는다는 사실을 받아들이게 된다면 제가 옳다고 생각합니다. 하지만 제가 틀렸다면 어떨까요? 그는 사람들이 자기를 미워하는지 아닌지 아무 신경도 쓰지 않을 정도로 미쳐서 어떤 결과도 아랑곳하지 않는다면 어떨까요? 그 질문에는 확실한 대답이 없습니다."

그렇다면 자유의지와 도덕적 책임의 문제는 타고난 특질과 차별에 관한 우려보다 해결하기가 어려운 문제인 걸까?

"여기에는 의식의 문제라는 요소와 자유의지의 문제라는 요소가 있는데, 이 문제들은 결코 해결되지 않을 겁니다. 저는 그 문제들이 과학적 문제라기보다는 개념적 문제가 아닐까 생각합니다. 그래서 과학이 이 문제의 풀 수 없는 측면들은 무시해야 한다고 말하는 사람들에게 공감하고요. 그렇지만 우리는 마음을 지니고 있는 인간이기에 이런 설명할 수 없는 부분에 답답함을 느낍니다. 자신을 제지할 책임감이 생길 가망이 전혀 없다면 비난을 받아야 할까? 결국 비난은 아무 소용도 없는 것일까? 뇌의 특정한 부분에 특정한 패턴으로 발화하고 있는 뉴런들이 어째서 어떤 느낌으로 느껴지는 것일까? 과학자들은 그냥 느껴진다고 말하지만 호기심 많은 사람들은 이렇게 말할 겁니다, '난 그런 설명에 만족할 수 없다'고 말이죠. 이런 엇갈림이 영원히 계속된다 해도 놀랄 일은 아닙니다."

도덕적 책임, 억제력과 형벌의 필요성에 관한 이런 이야기에서 한 가지 재미있는 점은 빈 서판의 지지자들은 인간 본성의 어떤 측면에도 악한 것이라고는 없다고 주장한다는 사실이다. 이 점이 아마도 빈 서판이 지닌 매력의 일부일 것이다. 이런 주장에 어떤 증거가 있을까?

이 질문에 핑커는 강하게 부정한다. "전혀 아닙니다. 첫째, 살인, 강간, 가혹한 신체적 위해와 도둑질을 포함해서, 폭력은 인간의 보편적인 특징입니다. 이는 모든 문화에서 발견되지요. 또한 민족학 관련 자료를 연구하는 가장 뛰어난 민족학적 설명들에 따르면, 많은 사람들의 믿음과는 반대로 가장 높은 비율의 폭력이 국가 이전의 약탈 사회에서 발견됩니다. 이런 사회에서는 살인과 전쟁에 의한 사망률이 현대 서구사회에서보다 몇 자리나 높습니다."

"서구사회에서도 대다수의 사람들은 자신이 싫어하는 사람들에게 폭력을 휘두르는 상상을 합니다. 물론 대부분 실행에 옮기지는 않죠. 또한 폭력은 주로 어린 시절 초기에 등장합니다. 대다수의 두 살배기들은 발로 차고 물어뜯고, 할퀍니다. 폭력은 우리의 가까운 진화적 사촌인 침팬지들 사이에서도 흔하죠. 종합하면 이 모두는, 꼭 폭력 자체가 아니더라도 최소한 폭력에 대한 충동은 우리 본성의 일부라는 사실을 암시합니다. 폭력은 대부분의 사람들 안에 존재하는 욕구이자 우리가 쉽게 이끌리는 행동이죠."

그렇다면 핑커의 관점에서는 우리가 언젠가는 자발적인 협동과 폭력적 성향이 존재하지 않는 사회를 달성할 수 있으리라는 이상향의 꿈은 비현실적인 걸까?

그는 웃으면서 답한다. "그렇다고 할 수 있겠죠. 그런 일이 가능하다고 믿으려면 고상한 야만인이라는 신화를 받아들여야 하는데, 전 그 신화를 믿지 않습니다."

인간 행동의 생물학적 설명이 발전해도 어떤 것들은 우리가 적절히 정리하기에 역부족일 수 있다고 핑커는 주장해왔다. 그가 언급했듯이, 의식의 어려운 문제Hard Problem, 다시 말해 뇌의 활동이 어떻게 내밀한 느낌을 일으키느냐의 문제가 이에 속한다.

"저는 이 점이 의식의 과학에 한계를 부과한다고는 보지 않습니다. 아시다시피, 많은 과학자들은 이런 생각에 예민하게 반응하지요. 그들은 의식의 어떤 측면은 설명할 수 없을지도 모른다는 생각을, 그런 연구가 쓸데없는 일이라고 말함으로써 일부 과학 문제로부터 담을 쌓으려는 시도라고 생각합니다. 하지만 우리는 이른바 의식의 '쉬운 문제Easy Problem', 즉 뇌 안에서 의식적 정보처리와 무의식적 정보처리를 구별하는 문제에 관해서는 엄청나게 많은 것을 알아낼 수 있습니다. 그리고 우리가 알아낼 수 없는 것은 애초에 과학의 영역 안에 들어 있지도 않을 겁니다. 거기에는 객관적인 경험적 결과가 없을 것이기 때문이죠. 우리는 단순히 어떤 문제들을 공식화할 수는 있는데 풀지 못한다는 사실이 불만스러워서 비위에 거슬려하는지도 모르죠."

우리가 다른 종류의 존재라면, 의식의 문제를 보다 더 잘 해결할 수도 있을까?

"그건 중요하지만 대답하기가 곤혹스러운 질문이군요"라고 핑커는 답한다. "하지만 저는 그럴 수 있지 않을까 생각합니다. 뉴런 활동의 일정한 패턴들이 주관적 경험의 필요충분조건이라고 믿을 이유는 분명합니다. 우리는 건너지 못하는 틈에 어떻게 다리를 놓을지를 모를 뿐이죠. 어째서 발화하는 뉴런들이 무언가로 느껴져야 할까요? 발화하는 뉴런들은 어떤 무엇인가로 느껴집니다. 저는 그렇다는 사실을 압니다. 바로 지금도 무언가를 느끼고 있으니까요. 하지만 우리에게는 그 틈을 이을 방법이 없습니다. 우리가 사실이라고 확신하는 문제가 이렇게 난해하게 다가오는 이유는 인간의 마음이 이 문제 전체를 제대로 개념화하지 못하기 때문이라고 생각합니다."

사회생물학이라는 용어를 만든 사람은 자연학자인 에드워드 윌슨이다. 이제 그는 사회생물학과 진화심리학을 두고 벌어지는 논쟁이 대부분 사라져가고 있다고 말하는데 핑커도 이 견해에 공감하는가?

"아니요. 저는 덜 낙관적입니다. 실제로 일어난 것은 '빈 서판'은 더 이상 의문의 여지없는 학설이 아니라는 점과 인간의 본성을 끌어들이는 이론들이 더 이상은 금기가 아니라는 점뿐입니다. 예를 들어, 이제 성적 차이나 개인적 차이에 유전적 원인이 있는지 연구하는 것도 정치적인 역행이라거나 도덕적으로 의심스러운 일이라고 여겨지지 않습니다. 그럼에도 인간의 본성이라는 개념을 두려움과 혐오감을 가지고 대하는 사람들은 여전히 많이 있습니다."

3. 인간의 뇌와 의식

• 수전 그린필드와의 인터뷰

수전 그린필드Susan Greenfield

영국 왕립연구소의 소장 겸 풀러 좌 생리학 교수이자 옥스퍼드 대학의 시냅스 약리학 교수. 옥스퍼드에서 학부와 대학원을 마쳤고 파리 콜레주 드 프랑스와 뉴욕 대학 의료원에서 박사후 과정을 거쳤다. 2002년, BBC 텔레비전 시리즈인 〈브레인 스토리〉에 출연하고, 『뇌의 사생활*The Private Life of the Brain*』과 『미래』를 포함해 일반 독자를 위한 책들을 써왔다. 2001년, 새천년의 명예로운 인물 명단에 들어 대영제국훈장의 하나인 CBE와 종신귀족(자기 한 대에서만 쓸 수 있는 귀족 작위. 세습은 안 된다—옮긴이)의 지위를 하사받았다.

영국의 생물학자 토머스 헉슬리Thomas Huxley는 '의식의 상태처럼 놀라운 어떤 것이 어떻게 신경조직의 자극으로 나타날 수 있는가는 알라딘이 램프를 문질렀을 때 요정이 나타나는 것만큼이나 설명할 수 없는 일이다'라고 말했다. 실제로 어떤 이들은 의식은 도저히 설명할 수 없으며, 우리가 결코 이해할 수도 없을 것이라고 여긴다. 예컨대 콜린 맥긴Colin McGinn은 그 문제가 '우리가 하는 최선의 노력에 완고하게 저항해왔다'면서, '우리는 그 수수께끼를 풀 수 없다는 사실을 솔직하게 인정할 때가 왔다'고 주장한다.

영국 왕립연구소의 소장이자 풀러 좌 생리학 교수이며 옥스퍼드 대학 시냅스 약학 교수인 수전 그린필드는 이런 관점을 탐탁지 않게 생각한다. 그녀는 이렇게 말한다. "그런 말을 들으면 발끈해서 화가 납니다. 크리스토퍼 콜럼버스가 '안 돼, 우린 이 항구를 벗어나서 항해할 수 없어, 우린 어디에도 닿지 못할 거야'라고 말하는 걸 상상할 수 있나요? 그렇게 생각했다면 우리는 아직도 동굴 속에 있을 테죠. 또 20세기 중반에, 우리가 세기말에는 조그만 전화기를 들고 돌아다닐 것이라거나, 전자우편을 주고받게 될 것이라는 소리를 들었다면, 모두들 이상한 생각이라고 여겼을 거고요. 저는 우리가 의식을 가지고도 비슷한 발전을 이룰 수 있다고 낙관합니다. 만일 패배를 인정하게 된다면, 그건 살아가는 도중이 아니라 내 삶이 끝날 때일 겁니다!"

그린필드의 의식에 대한 관심은 과학자에게서 상당히 보기 드문 경우이다. 예를 들어 프랜시스 크릭Francis Crick은 불과 몇 년 전만 해도 「네이처」와 같은 학술지에 실릴 논문이나 연구비 신청서에 의식이라는 단어는 사용할 수 없었을 것이라고 지적했다. 사정이 달라지긴 했지만, 의식은 여전히 과학자에게 어려운 쟁점으로 남아 있다.

"문제는 의식은 주관성을 중심으로 한다는 점이죠. 과학적 방법론은 한 치의 양보도 없는 객관성을 필요로 합니다. 대부분의 과학자들에게 의식이 주관적이라는 사실은 저주스러운 일이죠. 측정할 수가 없거든요. 측정할 수 없는 건 객관적으로 판단하기가 매우 어렵죠. 하지만 문제는 그렇다고 주관성을 그냥 무시해버리면 의식적 경험에서 중요한 대부분의 것들도 무시하게 된다는 점이죠. 단지 뇌 안의 어떤 흥미로운 성질을 자세히 기록할 수 있다고 해서 의식을 이해했다고 할 수는 없습니다. 과학자들은 흔히 이런 사고 과정에 빠지죠. '의식은 흥미롭다, 뇌의 이 성질도 흥미롭다, 그러므로 이 성질은 어떤 식으로든 의식과 관련이 있는 것이 틀림없다.' 이런 식으로요. 하지만 물론 실제로는 이렇게 단순하지 않죠."

그렇지만 뇌와 의식적 경험의 관계가 정확히 어떤지 잘 모른다고 그 문제를 더 이상 다룰 수 없다는 뜻은 아니다. 의식은 뉴런(뇌의 신경세포)들로 구성된 다양한 집합체의 상관물correlate로 연구할 수 있다는 것이 그린필드의 견해이다.

"제가 이 개념을 좋아하는 이유는 정량이 가능하기 때문입니다"라고 그린필드는 말한다. 뇌 속을 들여다볼 때 우리는 함께 작동하고 있는 뉴런들의 집합체를 발견하고, 그것들은 많든 적든 특정한 의식 상태와 상호 관련되어 있습니다. 하지만 중요한 것은 그것이 의식 자체가 아니라 의식의 지표index라는 점입니다. 양동이 안에 어떤 뉴런들의 집합체를 집어넣는다고 해서 의식이 나오지는 않겠지요. 매우 감도 높은 의식 측정 수단을 생각해낸다 해도 의식 자체를 따라잡은 것은 아니라는 사실을 저는 명심하고 있습니다."

"이 개념을 연장해서 뉴런 집합체가 읽는 정보readout를 포함시킬 수도 있죠. 제가 보기에 이 정보는 거대한 몸의 조절계, 곧 내분비계, 면역계 등등에 영향을 주는 화학적 신호입니다. 이 조절계들은 자체적으로 화학적 전령들을 통해 뇌 안으로 피드백을 넣고, 그 피드백이 뉴런 집합체의 크기에 직접적으로 영향을 주기도 합니다. 저는 의식의 개념이 몸의 조절계들을 잇고 있는 화학물질들의 순환 고리를 포함하는 데까지 연장되었다는 사실이 매우 만족스럽지만, 어떻게 해서 이것들이 주관적 감각으로 번역되어 나오는지를 설명하지 못하는 것은 여전히 문제이죠."

이 번역의 수수께끼에 데이비드 차머스David Chalmers는 의식의 '어려운 문제'라는 이름을 붙였다. 본질적으로 문제는 우리가 뇌의 기능을, 뇌가 정보를 어떻게 처리하고 정보에 따라 어떻게 행동하는지는 완전히 이해할 수 있어 보이지만, 여전히 그 이상의 질문이 남는다는 점이다. 어째서 이 모든 것이 '어둠 속에서', 곧 아무런 내적 느낌을 주지 않고 진행되지 않는 것일까?

한 가지 대답이 의식은 부수현상이라는 것이다. 잘 짜인 신경망이 작동할 때 주관적 느낌을 지닌 정신적 사건들을 일으키는 건 분명하지만, 이 정신적 사건들 자체가 우리의 행동에서는 아무런 인과적 역할도 하지 않는다는 것이다. 이 관점이 옳다면, 물리적 뇌에서 나타나는 의식의 지표만 정확히 알면 되고 주관적 경험은 더 이상 탐구할 필요가 없지 않을까?

"그런 논의는 귀신을 불러내는 것과 다르지 않습니다. 그런 설명으로는 할 수 있는 게 아무것도 없으므로, 맨 마지막에 가서야 고려해봐야 할 사항 같습니다. 마치 '도둑은 없다, 마루가 삐걱거리는 것도 아니다, 그러므로 분명 이 소리는 유령이 내는 것이다'라는 식의 논리로 들리네요. 게다가 사람들은 이런 식으로 의식을 단순화하는 것이 불가능하다는 사실을 미처 모르고 있습니다. 우리에게는 아직도 답해야 할 질문들이 있습니다. 예컨대 의식에는 다양한 정도가 있지요. 저는 어째서, 또 어떻게 그런지 알고 싶습니다."

하지만 그린필드는 물리적 실체들, 그러니까 뉴런들의 집합을 참조해서 의식을 설명하고 있는데, 어떻게 우리를 물리적 세계의 인과적 울타리(즉, 물리적 사건에는 물리적 원인밖에 없는 것 같다는 사실)로부터 자유로운 존재로 볼 수 있을까? 우리가 그 울타리로부터 빠져나올 수 없다면, 우리는 그저 정교한 로봇, 우리의 뇌 안에서 일어나는 물리적 과정들의 산물이 아닐까?

"그건 매우 흥미로운 쟁점들입니다"라고 그린필드가 말한다. "하지만 존 설John Searle이 지적하듯이, 우리는 식당으로 들어가서 햄버거를 주문할 때 우리를 움직이는 것이 예컨대 우리의 유전자인지 아닌지 걱정하지 않죠. 드러나는 현상만 가지고 보면, 우리는 자유롭게 행동합니다. 물론 우리는 이 행동을 호르몬 수준, 화학물질과 활성화된 뇌 영역들, 혹은 더 근본적인 유전자 등의 관점으로 분해할 수 있지요. 이는 개인의 책임과 관련된 아주 흥미로운 문제이죠. 예를 들어 어떤 사람이 비행기에서 여승무원을 공격한 이유가 앞서 먹은 술과 약이 나쁘게 반응했기 때문이라고 말할 수 있다면, 왜 우리는 모든 경우에 이런 설명을 사용하지 못할까요? 문제는 자유의지의 개념과 어떻게 조화시키느냐라고 봅니다."

"제 생각은 우리가 두 개념 모두와 공존해야 한다는 거죠. 예컨대 우울증에 걸린 어떤 사람을 생각해봅시다. 그 사람에게, '아, 당신은 사실 우울증에 걸리지 않았어요, 그냥 세로토닌 수준이 낮을 뿐이죠'라고 말해도 아무 도움이 안 되겠죠. 그는 여전히 우울해할 겁니다. 우리가 느낌과 생각의 생물학적 상관물을 설명할 수 있다고 해서 그런 느낌이나 생각이 덜 현실적이 되지는 않겠죠. 당신이 어떤 선택을 할 때 제가 그 선택의 생물학적 상관물을 말해줄 수 있다 해도, 상관물은 상관물일 뿐입니다. 그런 설명을 이용해서 사람들은 독립된 개체이고 자신의 행동에 책임이 있다는 감각을 약화시켜서는 안 됩니다."

하지만 독립된 개체라는 우리의 감각이 이런 식으로 약화되지는 않는다 해도, 우리가 일반적으로 생각하는 것처럼 진정으로 자유롭게 행동하고 있는지는 분명치 않다. 예를 들어, 한 사람이 유전자와 뇌와 환경들 사이의 어떤 복잡한 상호작용 때문에 결국 누군가를 죽이기로 예정되어 있었다면, 분명히 매우 현실적인 의미에서, 그에게 책임이 없지 않을까?

"하지만 너무나 상황이 복잡해서 실제로 이런 결정론이 가능하지는 않아요. 이건 거의 카오스 이론chaos theory 모델에 가깝죠. 우리의 행동은 유전자, 뇌, 우리 생애의 사건들, 환경 등등 사이에서 일어나는 상호작용이 너무도 복잡하게 얽혀 있어서, 나중에 지배적인 원인들을 찾아낼 수 있더라도, 언제나 그렇게 예정되어 있었다는 뜻은 될 수 없지요. 사람들이 왜 그런 방식으로 행동했는지를 알려주는 단순한 설명을 우리는 영원히 생각해낼 수 없을 겁니다. 그리고 그 복잡성 안이야말로 우리의 개성과 책임이 깃드는 장소이죠."

인간의 경우에 이런 쟁점들이 부각되는 이유는 우리가 자신을 돌아보는, 즉 자기를 의식하는 존재이기 때문이다. 그린필드의 관점에서 자의식self-consciousness은 의식consciousness과 다르며, 마음의 발생과 이어져 있다.

"제 관점을 말하자면, 마음은 뇌가 개인화personalization한 것이라는 거죠"라고 그녀는 설명한다. "저는 분명 마음이 생물학적인 뇌를 대신하는 근거 없는 대체물은 아니라고 생각합니다. 마음에는 물리적 근거가 있지요. 우리가 사람이 가지게 될 모든 뇌세포를 가지고 태어나는 건 사실이지만, 생후의 뇌 성장을 설명하는 것은 뉴런 연결망의 성장입니다. 이 연결망들은 환경 안에서 일어나는 사건들에 아주 민감하죠. 우리는 태어나 와글거리는 혼란 속으로 던져지지만, 자라면서 우리의 경험들은 얼굴과 사물들로 응집되고, 이름을 얻고, 우리 삶의 다양한 사건들에서 주역을 맡으며 의미를 얻지요. 바로 이런 뉴런 연결망의 개인화를 저는 마음mind이라고 부릅니다. 그리고 이것이 자의식에 해당하죠. 우리가 '미쳤다losing mind'라거나 '제정신이 아니다out of mind'라고 말할 때, 실제로 의미하는 것은 자의식이 없는 상태입니다. 저는 이런 말들이 마음과 의식을 뒤섞는 것이 절대적으로 옳지 않음을 보여준다고 생각하지요. 둘은 별개입니다. 제정신이 아니면서도 여전히 의식이 있는 상태가 얼마든지 가능하죠."

이런 식으로 의식과 마음을 구분해서 생기는 결과 가운데 하나는 감정이 가장 기본적인 형태의 의식으로서 받아들여진다는 것이다.

"감정은 태어난 지 하루밖에 안 된 아기도 경험하고 가르랑거리는 고양이와 꼬리를 흔들고 있는 개도 경험하죠. 우리가 뉴런 연결망에 접근할 수 없어서 학습과 기억을 이용할 수 없을 때 우리는 말초적인 삶의 양식으로 돌아가죠. 아이들은 어른들보다 더 쉽사리 감정의 극단을 경험하는 경향이 있는데 그건 이용할 수 있는 뉴런 연결망이 더 적기 때문입니다. 우리는 어린 뇌의 경우에 그런 경향이 있다는 것을 압니다. 그리고 연결이 적기 때문에 일시적인 뉴런들의 집합체가 그다지 클 수 없고, 따라서 그 의식은 더 미숙하고, 자의식이 완전히 발달하지 못하죠. 어린아이는 과거나 미래를 신경 쓰지 않고, 세상을 전에 일어난 일의 경험을 활용해서 보기보다는 순전히 감각적인 관점에서 평가할 가능성이 높습니다."

그런데 이 생각은 좀 직관에 어긋나 보인다. 그린필드는 경험의 강도가 뉴런 집합체의 크기에 반비례한다고 제안하고 있는 것 같다. 집합체가 작을수록 감정이 더 강하다고 말이다.

나의 이런 의문에 그린필드는 "그래요. 하지만 경험의 강도가 곧바로 뉴런 집합체와 연관되는 것은 아니라는 사실을 염두에 두어야 합니다"라고 대답한다. "그 문제는 몸의 호르몬과 화학물질 조성이 어떻게 영향을 받는가에도 달려 있죠. 그리고 딱히 아이들의 경험이 더 강하다는 말도 아니고요. 사실 그런 건 알기가 어려워요. 그보다 아이들의 경험은 어른의 마음에서처럼 억제되지 않는다는 말이죠. 어떤 아이가 길에 아이스크림을 떨어뜨리는 일은 그 아이에게는 진짜 재난이지만, 어른들은 아이스크림은 하나 더 사면 된다고 생각하겠죠. 중동에서는 사람들이 죽어가고 있는데 아이스크림 하나 떨어뜨린 건 중요한 일이 아니라고 이성적으로 생각하겠죠. 어른들은 자신의 반응을 자제할 수 있습니다. 하지만 어떤 사람이 정신분열증이거나, 꿈을 꾸고 있거나, 아이라면, 이렇게 따져보지 않기 때문에 감정이 더 원초적일 겁니다."

"요점은 뇌 안의 연결망이 경험을 맥락에 맞추어 설명하는 기능을 한다는 겁니다. 꼬마들은 천을 뒤집어쓰고 유령인 척하는 사람을 무서워하죠. 그 경험을 이성적으로 생각할 여지가 없거든요. 하지만 어른은 유령이 아니라 천을 쓴 사람이라는 것을 알죠. 뭐 어린아이다운 천진한 반응이 사라진다는 면에서 전적으로 좋다고는 할 수 없겠지만, 우리가 자신을 보호할 수 있게 됐다는 뜻이죠. 세상을 이해하고, 어린아이일 때처럼 세상에 좌지우지되지 않는다는 점에서 말이에요."

여기에 더 일반적인 현상학적 상관물이 있을까? 더 광범위한 뉴런 연결망을 가지고 있는 어른은 자아감이 훨씬 더 클까?

"저는 그렇다고 생각합니다. 하지만 개인적인 차이를 이야기할 때는 반드시 약간 주의를 해야 하죠. 인간의 뇌는 너무나 광범위한 수준의 의식을 포괄하므로, 반 고흐 같은 사람은 당신이나 저보다 의식의 깊이가 깊었다는 생각이 들더라도 결론짓기 전에 조심을 해야 할 필요가 있죠."

그렇다면 그린필드의 관점은 사적인 경험과 학습의 결과로 만들어지는 뉴런 연결망이 마음을 구성한다는 것이다. 하지만 우리가 의식하는 것이 무엇이든지 간에 어떻게 특정한 순간에 의식을 하게 되는 걸까? 그때 뉴런 수준에서는 무슨 일이 일어나고 있는가?

"저는 그것을 연못에 떨어진 돌멩이에 비유해서 생각해봅니다. 뇌 안에는 활동하고 있지 않는 잠재회로들이 모두 들어 있습니다. 활동을 개시하려면 무언가가 방아쇠를 당겨야 하죠. 잠에서 깨어나는 순간, 우리를 깨우는 것은 보통 바깥 세계와의 상호작용이죠. 가끔 환상이나 백일몽에 잠기게 될 때도 있지만, 깨어 있는 대부분의 시간 동안 우리는 상호작용을 하고 있습니다. 그래서 예를 들어 누군가가 방으로 걸어 들어오면, 그 사실이 우리 의식의 가운데에 자리 잡을 테죠. 왜냐하면 그런 일은 큰 뉴런 집합체를 소집해 우리가 의식할 만큼 충분히 강력한 자극을 주기 때문이죠."

"아이의 의식의 중심은 자명종이 울릴 때처럼, 단순한 감각 자극으로 결정되는 경향이 있습니다. 아이들은 이 자극에서 저 자극으로 튕겨 다닙니다. 하지만 나이가 들면서 이런 종류의 순수한 감각적 자극은 중요성을 지닌 것들로 교체되죠. 예를 들어 당신의 연인이 방 안으로 들어오면, 물리적인 관점에서 그가 특별한 감각적 충격을 주는 것은 아니므로 다른 사람은 아무도 그가 들어오는 것에 주의를 기울이지 않을 겁니다. 하지만 당신의 기억과 연상에서는 그 사람이 너무 많은 부분에 연결되어 있기 때문에 당신의 의식에는 그 사람이 떠오를 겁니다. 우리는 나이를 먹어가면서 뇌 세포를 강하게 활성화시키는 큰 연결망들을 교체하고, 이것들도 이전과 똑같은 힘으로 뉴런 집합을 불러 모읍니다."

그러면 어떤 생각이나 기억이 예기치 않게 문득 떠오르는 흔한 상황은 어떨까? 어떤 일이 일어나기에 우리가 느닷없이 의식하게 되는 걸까?

"우리는 뇌 안에서 언제나 잠재의식적으로 많은 일들이 일어나고 있음을 알고 있습니다. 이런 활동들이 커다란 뉴런 집합에 새로

이 포함되면 의식에 떠오르게 되죠. 마치 수은 방울들이 엉겨 겔이 되는 것처럼 말이죠. 저는 창의성의 많은 부분이 이렇게 나온다고 생각합니다. 흔히 우리는 정말 좋은 아이디어를 갑자기 떠올리는 것 같지만, 아마도 뇌는 오랫동안 온갖 종류의 아이디어들을 시도해보다가 그 아이디어가 한 뉴런 집합의 새로운 일부가 되었을 때 비로소 의식하게 되는 거라고 봅니다."

그린필드는 의식에도 여러 수준이 있다고 생각한다. 이는 매우 일리 있어 보인다. 우리 모두에게 아침에 처음 깨어났을 때 의식이 멍한 경험이 있으니 말이다. 그런데 어째서 사람들은 이 생각을 받아들이길 꺼려했을까?

"제가 이런 생각을 처음 말한 사람인지 아닌지는 잘 모르겠지만, 이렇게 강조해서 말하는 최초의 사람인 것은 분명합니다. 기본적인 부분인데도 사람들이 잘 받아들이기 어려워한 것은, 의식은 온전히 다 있거나 전혀 없거나 둘 중 하나가 아니라는 개념입니다. 일단 이 개념을 받아들이면 실제로 많은 문제를 해결할 수 있다는 것을 알 수 있습니다. 이 개념은 우리가 태아의 의식, 동물의 의식을 생각할 때 겪는 어려움을 비켜가게 해주고, 의식이 우리의 생리와 동일선상에서 정도가 달라진다는 것은 직관적으로도 옳아 보입니다."

"이 개념에 동의하면 모든 것이 바뀝니다. 그러면 뇌 안에서 의식을 담당하는 어떤 마술적인 영역을 찾는 것이 아니라, 다양한 수준에 있는 뇌의 상태를 측정하면 되니까요. 저는 무의식을 연구해서 의식에 관한 이 결론에 도달했습니다. 무의식에도 정도가 있고, 마취와 수면에도 정도가 있지요. 무의식에 정도가 있다면, 의식에도 당연히 정도가 있어야 할 테죠. 이렇게 생각하자마자, 질적이고 말로 나타낼 수 없는 대상이 양적이고 과학적인 대상으로 바뀌게 되는 거죠."

그러니까 자의식, 이렇게 불러도 된다면 완전히 발달된 마음은 의식의 연속선에서 한쪽 극단에 있는 것인가?

"그렇습니다. 그리고 예를 들어 당신이 정신 없이 빠른 운동을 할 때 의식은 반대쪽 극단을 향합니다. 그럴 때 당신은 순간 속에 있고, 그저 자극과 반응만이 이어질 뿐이죠. 재미있는 점은 우리가 이런 종류의 경험을 추구한다는 것이죠. 실제로 우리는 그런 경험을 위해 돈까지 지불하지만, 만약 온종일 경험한다면 욕구불만인 상태가 될 겁니다. 인간의 조건은 한편에서는 자신을 몸 가는 대로 두고, 다른 한편에서는 개인적인 자아 성취와 만족을 얻으며, 그 사이에서 균형을 달성하길 요구합니다."

여기에는 우울증에 관한 그린필드의 생각과 이어지는 연결고리가 있다. 저서인 『뇌의 사생활』에서 그린필드는 우울증이 흔히 과도할 정도로 광범위하게 연결된 신경망과 관계가 있으며 우울증 환자들은 사적 자아를 지나치게 염려할 것이라고 주장했다. 그렇다면 우울증 환자들은 자아감이 강할까?

"그렇습니다. 그리고 강한 자아감이 최소한 부분적으로는 우울증에 걸리는 이유입니다." 그린필드가 수긍한다. "우울증 환자가 춤을 추거나 스쿼시를 하면서 자신을 잊을 수 있다면 정말 좋겠지만, 그들은 그럴 수 없어요. 그들은 멍하니 앉아서 끊임없이 자아에 대한 강박관념에 사로잡혀, 외부 세계로부터 단절되어 있다고 느끼죠. 하지만 정확히 무엇이 우울증을 일으키는지는 아주 복잡합니다. 뇌의 매혹적인 점 가운데 하나는 자극, 예를 들어 어떤 사람의 귀에 속삭이는 것 같은 작은 인지적 자극이 완전한 일련의 신체적 변화를 일으킬 수 있다는 사실이죠. 이런 사실은 우울증에서 우리를 닭이 먼저냐 달걀이 먼저냐의 상황으로 밀어 넣습니다. 뇌의 화학 체계에서 어떤 변화가 일어나 우울증이 생겨서 몸에 영향을 주는 건지, 아니면 어떤 인지적 혹은 신체적 사건이 신체적 변화로 이어져 우울증이 생긴 건지 말이죠. 하지만 어떤 쪽이든 결과는 같습니다. 우울증 환자는 과도하게 광범위한 신경망의 세계에 갇혀 있는 겁니다."

이런 방식으로 우울증을 바라본다면 치료에는 어떤 도움이 될 수 있을까?

"저는 약물은 답이 아니라는, 논란의 여지가 있는 견해를 취하고 있습니다. 어떤 사람이 엄청난 신체적 혹은 정신적 고통을 겪고 있다면, 단기적 조치로 약물 요법을 사용하지 않는 것은 비인간적인 일이겠죠. 하지만 그건 오로지 사람들에게 화학적인 망각을 주고 있을 뿐, 근원적인 문제를 해결하고 있는 것이 아닙니다. 당신이 누군가에게 프로작*을 준다 해도, 인지하고 있는 내용은 하나도 없애버리지 못할 겁니다. 그가 연인에게 버림을 받았거나 아버지가 돌아가셨다

* 대표적인 우울증 치료제.

면, 프로작 효과가 떨어진 뒤에는 이런 것들이 진실로 다가오겠죠."

"저는 인지요법cognitive therapy이 아마도 최선이지 않을까 생각합니다. 어떤 사람이 무언가를 다른 방식으로 보도록 도와서, 그 현실을 받아들이고, 인정하고, 떠안고 살아가게 할 수 있다면, 문제가 사라져버리지는 않더라도 제어하기는 좀더 쉬워지겠죠. 저는 뇌 안의 연결이 다시 정돈됨으로써 이런 일이 이루어진다고 생각합니다. 이렇게 하는 편이 누군가에게 단순히 프로작을 처방하는 것보다 훨씬 낫다고 보고요."

그린필드는 감정과 마음이 한 연속선상의 양 극단이라는 견해를 가지고 있다. 감정의 경험이 순수할수록 우리는 '제정신을 잃는' 것이다. 이런 견해는 마약 복용에 대한 그린필드의 태도와도 잘 맞아떨어진다. 그녀는 엑스터시 같은 마약의 영향이 사람의 마음을 어린아이의 마음처럼 만든다고 주장해왔다. 그린필드가 마약 복용은 여전히 법률로 금지되어야 한다고 공식석상에서 말하는 이유는 이 때문인가.

"여기에는 몇 가지 이유들이 있습니다. 저는 우리 모두에게 황홀경의 시간, 곧 제정신을 잃는 시간이 필요하다는 생각에는 찬성합니다. 그리고 이런 필요는 오르가즘이나 박진감 있는 스포츠, 혹은 춤이나 고급 와인으로 충족시킬 수 있죠. 우리는 모두들 이와 같은 순간들을 추구하지만, 다른 것도 역시 하고 싶어 합니다. 그러나 만일 우리에게 마약 문화가 생겨서, 사람들이 주로 이런 종류의 경험을 추구하는 쪽으로만 치우친다면, 상대적으로 욕구불만의 삶을 살게 될 겁니다."

"또 사람들이 마약을 자기 문제를 해결해줄 해답으로 보게 된다면, 저는 인간다움도 줄어들 것이라고 생각해요. 인간이 된다는 것은 문제를 해결한다는 것, 여러 가지 것들의 가치를 매기면서, 문제를 하나의 도전으로 보고 극복한다는 것이죠. 쉽게 마약에 손을 뻗는 것은 정말이지 우리 자신을 비하하고 정당하게 대접하지 않는 행위입니다."

"여기서 중점은 인간이 된다는 것은 무엇인가에 관한 도덕적 입장이죠. 하지만 마약 복용에는 당연히 장기적 손해가 따른다는 의학적 증거도 있어요. 마약을 복용한다고 해서 사람이 죽지는 않지만, 손해라는 단어의 의미를 한 사람의 인격 변화, 주의 폭의 변화, 잠재능력 저하에도 적용한다면, 마약은 사람들에게 정말로 해롭지요."

그린필드는 사람은 때때로 자신의 사적 자아를 구성하는 신경의 연합체와 연결망에서 탈출할 필요가 있다고 열심히 강조하면서도 완전히 발달한 자아를 전혀 접하지 않는 것은 위험할 수 있다고 생각한다. 특히 오늘날 공적 자아public ego라는 개념과, 공적 자아가 사적 자아private ego가 축소되면서 남긴 빈자리를 어떻게 침범할 것인지에 관심을 갖고 있다.

"이에 관한 제 생각에 방아쇠를 당긴 것은 세바스티안 하프너Sebastian Haffner가 쓴 『히틀러에 맞서기*Defying Hitler*』라는 책입니다. 이 책은 히틀러가 어째서 독일에서 그렇게 유리한 입지를 얻었는지 설명하는 것으로 시작하지요. 저자는 독일인들이 1차 세계대전 동안 집단으로 살기 시작했고, 그러면서 그들에게 공적 자아가 발달하기 시작했다고 주장합니다. 전쟁이 끝난 뒤 독일인들에게는 사생활도, 사적 자아도, 사적인 만족감도 없었고, 그 자리를 차지한 것은 스포츠였습니다. 스포츠는 모든 사람이 함께 이야기할 수 있고, 모두가 정체성을 공유하고 즐길 수 있는 대상이 되었죠. 그리고 그 다음 히틀러는 훨씬 더 강력하고 더 낭만적인 이야기를 들고 다가와 모든 것을 넘겨받았죠. 사람들은 흔히 뉘른베르크 나치 전당대회와 같은 것들은 짐승 같고 파충류와 다름없는 과거로의 회귀라고 생각하는 실수를 저지르지만, 그렇진 않았습니다. 나치즘은 매우 분명한 이야기를 가지고 매우 분명한 정체성을 제공했습니다. 문제는 그것이 당신은 정해진 역사와 운명을 지닌 국가의 일부라는 공유된 정체성이었을 뿐이죠."

"알 카에다 같은 테러 집단에도 이와 닮은 점이 있습니다. 지도자 빈 라덴의 철학에도 낭만적인 측면이 있습니다. 그의 세계는 선한 자들과 악한 자들로 나뉘죠. 그는 십자군에 대한 복수를 이야기하고, 짓밟힌 사람들의 낭만적인 심성을 분명하게 표현합니다."

이런 논의들은 개인주의와 사적 자아에 어떤 중요한 가치가 있다는 점을 보여준다. 다시 말해 개인주의와 사적 자아는 더 극단적인 집단 정치 운동의 유혹에 대한 해독제가 될 수 있는 듯하다. 그렇다면 자본주의의 유물론은 개인주의를 조장하기 때문에 나쁜 것이라는 좌파의 전통적인 논거는 뒤집어지는 걸까?

“그렇죠” 하고 그린필드는 대답한다. “버트런드 러셀Bertrand Russell이 지적했듯이, 집단적 열정은 위험합니다. 집단적 열정을 잠재우는 방법들 가운데 하나는 사적 자아를 장려하는 것이죠. 누군가에게 그가 독립적인 개인임을 인지시키는 것은 그에게 선택권을 주는 일이고, 이것이 20세기 초반 무렵에는 매우 흥미로운 일에 속했습니다. 그런 일이 자아라는 매우 새로운 개념을 길러냈죠. 처음으로 사람들은 자신이 원한다고 생각하는 것을 소비할 수 있었고, 그렇게 하면서 사적 자아를 발달시키고 표현할 수 있었죠. 이렇게 자본주의는 사람들이 집단적 부분을 강하게 발전시키지 못하도록 방해하죠. 사회에는 공적 자아와 사적 자아 사이에 갈등이 있다고 생각합니다. 그리고 공적 자아는 본래 위험한 부분이 있기 때문에, 사람들이 자기가 사적인 삶을 살고 있다고 생각하는 것이 유물론의 의미라면, 저는 약간의 유물론쯤은 신경 쓰지 않을 겁니다.”

이것은 앞서 본 마약, 특히 사람들이 공유된 삶을 살고 있다고 생각하도록 조장할 수 있는 엑스터시 같은 마약에 관한 그린필드의 견해를 뒷받침하는 것 같다.

“물론입니다. 집단적 경험을 일으키는 모종의 마약을 상상하기는 매우 쉬워요. 『멋진 신세계』*의 경우를 떠올리면 바로 알 수 있죠.

* 이 책에서 사람들은 모두 ‘소마’라는 마약을 상용함으로써 개인의 정신적 문제를 해소한다.

연구하는 과학자로서 그린필드는 알츠하이머와 파킨슨병에서 일어나는 신경의 죽음을 막는 방법을 개발할 목표로, 두 병에 공통된 신경 기제를 찾는 데 많은 시간을 보내고 있다. 하지만 의식 자체, 그리고 의식과 일시적 신경 집합체의 관계에 관한 생각을 연구하고 검증하는 데 더 많은 시간을 보낼 수도 있지 않을까?

"신경과학자에게 의식에 관한 연구는 CLM, 다시 말해 출세를 가로막는 행동Career Limiting Move이라는 적절한 문구가 있죠. 공공 부문의 기금이나 연구 재단은 이런 종류의 연구를 지원하지 않습니다. 보다 평범한 연구로 돈을 타내기도 어려운 일이지만, 의식처럼 겉보기에 너무도 공상적이고 신비적인 무언가를 가지고 자금을 타내기는 거의 불가능하죠. 그렇긴 해도 사실 저에겐 지금 약간의 영상 장치들을 위한 자금이 조금 있고, 소규모로 뇌 절편들 안에 있는 신경 집합체의 역학을 관찰하기 시작할 겁니다. 저는 제 이론에 검증 가능한 점이 있다는 것을 열렬히 옹호합니다. 그 이론의 옳고 그름은 다음 다음 문제예요. 중요한 것은 검증이 가능하다는 점이죠. 바로 이 점이 의식 연구를 과학으로 만듭니다."

4. 과학과 인간이라는 동물

• 케넌 말릭과의 인터뷰

케넌 말릭Kenan Malik

작가 겸 방송인. 서섹스 대학에서 신경생물학을, 임페리얼 칼리지 런던에서 과학사와 과학철학을 공부했다. 그 사이에 서섹스 대학 지각과인지연구센터 CRPC에서 연구심리학자로 공간 관계의 정신적 표상 문제를 연구했다. 저서로는 『인종과 의미*The Meaning of Race*』, 『인간과 짐승과 좀비: 인간의 본성에 관해 과학이 우리에게 말해줄 수 있는 것과 없는 것*Man, Beast and Zombie: What Science Can and Cannot Tell Us About Human Nature*』이 있다. BBC 라디오 4의 프로그램 〈어낼리시스Analysis〉의 진행자 가운데 한 사람이며, 왕립예술협회의 회원이다.

WHAT SCIENTISTS THINK

케넌 말릭은 저서인 『인간과 짐승과 좀비』에서, 인간은 자연계에 있는 다른 어떤 생물과도 전혀 다르다고 주장한다. 우리에게는 이중성이 있다. 우리는 진화한 생물학적 동물로, 진화적 과거가 있고, 그런 의미에서는 단순히 자연 속의 객체들이다. 하지만 우리에게는 또한 자의식과 행위주체성agency과 합리적으로 행동할 능력이 있고, 그 결과로서 자연계에서 우리만이 우리의 유산을 물려주며 자신과 자신이 살고 있는 세계를 변형시킬 수 있다. 그럼에도 과학은 아직 이러한 인간의 이중성을 파악하는 일에 뜸을 들이고 있다.

"대부분의 사람들은 인간이 진화한 뇌와 마음을 지녔을 뿐, 동물이라는 사실을 인정할 것입니다"라고 말릭은 내게 말한다. "대부분의 사람들은 인간이 어떤 면에서는 다른 모든 동물들과 구별된다는 사실 역시도 인정할 것이고요. 그렇다면 중요한 쟁점은 우리 인간성의 이러한 두 측면 사이의 관계를 우리가 어떻게 이해하느냐입니다. 아니면 더 명확하게 말해서, 한편으로는 인간성과 나머지 자연과의 연속성을, 다른 한편으로는 인간성의 독특한 측면들을 우리가 어떻게 이해하느냐이죠. 여기서 핵심은 우리가 인간성 가운데 자연과 연속적인 측면들을 이해할 때 사용하는 것과 같은 용어와 같은 도구를 써서 인간성의 독특한 측면을 이해할 수 있는가입니다."

이러한 이중성을 파악할 때 말릭은 객체로서의 인간과 주체로서의 인간 사이의 차이를 이용한다.

"이것은 결정적인 차이입니다. 우리가 물어야 할 것은 '인간은 어떤 종류의 존재인가? 자연과학의 영역 안에 완전히 편입될 수 있는 종류의 존재인가?' 하는 질문입니다. 자연과학의 모순은 그 성공과 자연에 대한 이해가 인간성의 이해를 제한한다는 점입니다. 과학 이전의 세계는 마법과 목적, 욕구 등등으로 가득했죠. 막스 베버Max Weber의 말을 빌자면, 과학 혁명은 이 세계를 '미몽에서 깨어나게' 했지요. 과학은 마법과 목적을 없애버리면서, 자연을 반응이 없는 무심한 존재로 변형시켰습니다. 그리고 과학적 방법론의 심장부에는 자연과 자연의 유기체들을 기계라고 보는 관점이 있습니다. 개미와 원숭이가 생명이 없거나 시계나 텔레비전처럼 작동해서가 아니라, 기계들처럼 자의식과 의지가 없는 존재라고 봤기 때문이었죠. 지난 오백 년 동안 과학이 그토록 성공적으로 자연을 설명하는 동시에 탐험할 수 있었던 것은 바로 이 기계적 관점 덕분입니다."

"하지만 인간은 이런 식으로 미몽에 사로잡힌 동물이 아닙니다. 우리는 목적과 행위주체성, 욕구, 의지 등등을 보유하고 있거나,

아니면 최소한 보유하고 있다고 생각합니다. 인간은 분명 생물학 법칙과 물리학 법칙의 이해 범위 아래에서 있는 생물학적인 존재이지만 우리는 생물학 법칙과 물리학 법칙의 효과를 딴 데로 돌릴 능력이 있는, 의식을 지니고 자기를 돌아보는 행위주체자agent이기도 합니다. 과학의 발전 자체가 이 인간의 모순을 표현하죠. 객관적으로 자연을 이해하기 위해서는 연구의 객체인 자연과 연구하고 있는 주체인 인간을 반드시 구별해야 하기 때문이죠."

"'외부의 자연'을 바라보고 있다면 이를 구분하는 것은 비교적 쉽습니다. 하지만 인간을 연구하고 있다면 그리 쉽지 않죠. 인간은 과학 연구의 객체인 동시에 연구를 하고 있는 주체이니까요. 그렇다면 어떤 의미에서는 자연에 대해 과학적 관점을 가지려면 우리는 자연의 바깥에 서서 내려다보아야 합니다. 그렇지 않으면 객관적으로 이해할 수 없을 테죠. 그러니까 다름 아닌 우리의 과학을 하는 능력, 객관적으로 자연을 연구하는 능력이 역설적으로 우리가 단순히 자연 속에 내재할 뿐 아니라 어떤 면에서는 초월하기도 한다는 관념을 드러낸다는 이야기입니다."

말릭은 인간의 이중성에서 나오는 결과들 가운데 하나로 과학 안의 환원주의적 과제, 곧 특정한 현상을 가장 기초적인 부분들로 분해해서 설명할 수 있다는 생각은 인간 정신을 제한적으로밖에 이해할 수 없을 것이라고 주장한다. 인간 행동의 설명이 오로지 뉴런의 발화 등등의 수준으로만 표현되어서는 안 된다는 것이다. 그렇다면 인간 이해를 가로막는 환원주의의 한계에는 어떤 것이 있을까?

"환원주의적으로 마음이 어떻게 작동하는가를 설명하는 것은 분명 가능합니다. 그리고 좀더 연장해서 우리가 지금 하고 있는 이 대화를 환원주의적으로 설명할 수도 있겠죠. 하지만 사실 이 설명이 대화에 관해, 즉 우리가 무엇을 이야기하고 있는지에 관해 말해주는 것은 거의 없을 겁니다. 인간은 기계적 수준에서만 작동하는 것은 아니기 때문입니다. 다시 말해, 환원주의적 설명은 완벽하게 기능하기는 하지만 많은 맥락에서 그다지 유용하지는 않다는 이야기입니다."

"실례를 하나 들어보겠습니다. 어느 날 아침, 제가 집을 뛰쳐나와 지나가던 사람을 죽였습니다. 재판에서 저는 두 가지 변론 가운데 하나를 이용할 겁니다. 첫째로 수술 불가능한 뇌종양을 앓아왔고 그 때문에 비이성적으로 난폭해졌다고 주장할 수 있습니다. 아니면 살인을 저지르기 전날 밤에, 뛰어나지만 사악한 어느 실존주의 철학자와 대화를 나누었는데, 그가 저의 개체성을 표현할 수 있는 유일한 길은 누군가를 살해하는 것이라는 확신을 주었다고 말할 수도 있습니다. 첫 번째 경우, 그 이야기가 사실이라면 대부분의 사람들은 제가 무죄라고, 제가 제 행동을 어쩔 수 없었다고 말할 겁니다. 그러나 두 번째 경우 대부분의 사람들은 제가 유죄라고 말할 테죠. 하지만 사실 뇌종양이든 사악한 실존주의자든 두 경우 모두 제 행동을 일으킨 어떤 원인이 있었습니다. 요는, 사람들은 제가 그 행동을 할 때 첫 번째 경우에서는 저를 객체로, 두 번째 경우에서는 주체로 구분을 지을 것이라는 점입니다."

"그렇지만 사실 사악한 실존주의적 설명을 기계적인 용어로 표현하는 것도 얼마든지 가능합니다. 즉, 마치 저 자신이 하나의 객체에 지나지 않는 것처럼 제 행동을 다룰 수도 있습니다. 제가 살인을 저지른 이유는 뇌 안에서 어떤 뉴런들이 특정한 순서로 발화했기 때문이라고 말할 수 있을 겁니다. 그 뉴런들이 발화하지 않았다면 제가 살인을 저지르지 않았을 테니 이는 완벽하게 타당한 설명이죠. 그러나 이 맥락에서 이런 설명은 별 쓸모가 없습니다. 인간은 단순히 물리적 원인들 때문에가 아니라 의식적인 이유들 때문에 행동하기도 한다는 점을 간과하고 있으니까요. 환원주의적 설명은 대체로 인간이 아닌 동물들에게는 적합하지만, 인간의 경우에는 그렇지 않습니다."

"환원주의적 설명들이 타당치 않다거나, 잘 맞지 않는다거나, 인간 정신 작용의 중요한 측면들을 밝히는 데 도움이 되지 않는다는 뜻으로 하는 말은 아닙니다. 제가 말하고 싶은 점은 오로지 그것들만으로는 인간이 어떻게 행동하는가를 설명하기에 부족하다는 것입니다. 이런 말을 덧붙일 필요도 있겠죠. 저는 인간의 기계적 관점을 비판할 때, 모종의 초자연적 설명에 손을 뻗지는 않습니다. 저는 세계관을 기계적, 신비적, 유물론적 세계관으로 구분합니다. 기계적 관점은 인간을 대개 객체로, 다시 말해 인간을 전적으로 자연이 움직인다고 봅니다. 신비적 관점은 죽을 수밖에 없는 단순한 존재로서는 알 수 없는 인간 존재의 측면들이 있다고 제안합니다. 반면 유물론적 관점은 인간은 다른 어떤 존재와도 달리 의식과 행위주체성을 소유하기 때문에 예외적이라고 본다는 면에서는 신비적 관점과 일치하지만, 신비적인 설명에는 기대지 않고 인간을 이해하려 합니다. 인간의 의식과 행위주체성을 이해하려면 우리는 인간을 자연으로서 이해할 뿐만 아니라 역사적이고 사회적인 존재로도 이해해야 하지요."

그렇다면 이것은 오직 인간에게만 자의식, 행위주체성 같은 능력이 있으며 인간은 이유가 있어서 행동하지만 인간이 아닌 동물들은 그러지 않는다는 주장이다. 사슴벌레에게 이런 능력이 없다는 데는 전혀 이론의 여지가 없지만, 동물계에서 우리와 가까운 친척들도 그런지는 그렇게 분명치 않다. 예컨대 유인원이 자기를 자각하는지, 도덕관념이 있는지 등등에 관해서는 논란이 있다. 말릭은 자연계에서 우리와 가장 가까운 친척들이라도 이런 종류의 특징들은 전혀 없다고 보는가?

"우리와 가장 가까운 친척들에게 언어, 도덕성, 문화, 도구제작 등을 위한 능력이 있는가에는 상당한 논란이 있습니다. 이 논란에 접근하는 유용한 방법은 침팬지와 관련해서 이야기할 때와 인간과 관련해서 이야기할 때 문화가 각기 무엇을 의미하는가를 살펴보는 것이라고 생각합니다. 왜냐하면 제 생각에, 사실 우리는 다른 현상을 이야기하고 있는 것이기 때문이죠."

"대부분의 영장류 동물학자들은 문화란 습성의 획득이라고 말할 것이고, 당신은 어떤 집단의 침팬지들이 다른 집단은 할 수 없는 행동들을 한다는 사실을 발견할 수 있을 겁니다. 예를 들어 어떤 녀석들은 두 개의 돌을 망치와 모루처럼 사용해서 야자열매를 깨뜨릴 수 있고, 이는 획득한 습성이죠. 이 정의를 따르면 침팬지에게는 문화가 있는 겁니다. 야생의 여러 침팬지 집단들 속에서 지금까지 관찰돼온 습성들이 40여 가지는 됩니다."

"하지만 인간의 문화를 이야기할 때는 단순히 다른 인간들에게서 습성을 배우는 것을 이야기하는 것이 아닙니다. 우리가 역사라고 부르는 과정을 통해서 우리 자신과 우리 세계를 변형시키는 우리의 능력을 이야기하고 있는 것이죠. 침팬지와 인간의 진화적 계통이 갈라진 지는 약 6백만 년이 지났습니다. 그 세월 동안 침팬지도 인간도 진화해왔죠. 하지만 야자열매 몇 개를 깨뜨려 열거나 막대기로 흰개미를 사냥하는 능력을 넣든 빼든, 넓은 의미에서 침팬지의 행동과 생활양식은 6백만 년 전과 그다지 다르지 않습니다. 인간의 경우는 분명 이와는 다르죠. 지난 6만 년 또는 7만 년에 걸쳐 인간은 전혀 다른 종류의 존재가 되었습니다. 인간은 앞선 세대로부터 학습하는 법, 우리가 하는 일을 개선하는 방법, 인간의 삶과 문화에 탄력을 주는 방법을 발견했으며, 그 탄력이 우리를 동굴 미술로부터 양자물리와 우주 정복까지 데리고 나왔습니다. 인간을 다른 모든 동물들과 구별하는 것은 바로 이 끊임없는 혁신 능력입니다. 어떤 침팬지들이 두 개의 돌을 망치와 모루처럼 사용해서 야자열매를 깨뜨리는 법을 배운 과정과, 인간이 산업혁명을 일으키고 자신의 게놈에 숨겨진 비밀을 밝히고, 보편적 권리의 개념을 생각해낸, 그리고 지금처럼 인간과 다른 동물들의 차이를 논하게 된 과정 사이에는 근본적인 차이가 있습니다."

"모든 동물에게 진화적 과거가 있습니다. 오직 인간만이 역사를 만듭니다. 이 차이는 결정적입니다. 그러므로 문화나 도덕성이나 언어 능력을 가지고 있는 인간 이외의 동물에 관해 이야기할 때, 우리는 그 능력들이 무엇을 뜻하는지를 정의해야 할 필요가 있습니다. 우리가 침팬지 문화를 이야기할 때 인간 문화를 이야기할 때와 똑같은 것을 뜻한다고 가정하지 말아야 하듯이요."

말릭은 언어가 인간의 자의식과 이성, 행위주체성을 촉진하는 데 결정적인 역할을 한다고 본다. 그는 바트겐슈타인의 언어철학에서 영감을 받아 이런 것들이 실제로 어떤 의미에서는 언어에 의존하는 동시에 사회적이고 공적인 측면들을 지니고 있음을 입증하려 한다.

"아주 간단히 말해서, 의미는 사회적이라는 것이 제 주장입니다. 당신이 혼자라도 빨강이나 통증이나 다른 모든 것들을 경험하겠지만, 이 모든 것에 의미를 부여하는 일은 우리가 사회적 존재로서 존재할 때에만 일어납니다. 최소한 부분적으로는, 다른 사람에게 아무런 의미를 주지 못하는 자기 내면의 내용은 스스로에게도 별 의미를 갖지 못합니다. 사람은 생각하고, 느끼고, 이야기하는 존재들의 사회 안에 살면서 그 사회와 관계를 맺어야만 자신의 자아감을 형성할 수 있습니다. 여기에서 언어가 결정적인 역할을 합니다. 부분적으로 언어는 우리가 사회적으로 되는 능력을 보강하고, 우리가 우리 내면의 느낌이나 생각에 의미를 부여할 수 있도록 하는 데 어떤 역할을 하죠."

자신의 통증과 같은 것에 의미를 부여할 때 언어와 그에 딸린 공적·사회적 측면들이 개입한다는 주장에는 비교적 이론의 여지가 없어 보인다. 그렇지만 통증이라는 실제적인 경험도 같은 방식으로 변형될까? 말릭은 이런 일이 일어난다고 생각할까?

"태어날 때부터 사회적 접촉과 언어를 빼앗긴 아이들이 있는데, 그 아이들이 세상을 이해하는 방식과 세상에 관해 형성하는 개념들은 그 또래 다른 아이들의 것과 전혀 다릅니다. 그 아이들의 세계관에는 예를 들어 시간, 장소, 공간의 개념이 없거나 몹시 부족합니다. 그래서 저는 그 질문에 그렇다고 답하겠습니다. 저는 사회적 상호작용과 언어가 우리의 경험을 조정하는 데, 그리고 우리가 우리 경험을 이해할 수 있도록 하는 데 매우 중요한 역할을 한다고 믿습니다."

하지만 문화와 언어가 예를 들어 시간 같은 것을 이해하는 방식에 필수적이라는 주장과 그것들이 통증 혹은 싸우거나 달아나는 심적 상태를 경험하는 방식에서 중심이 된다는 주장 사이에는 차이가 있다. 통증 혹은 위협적인 상황을 마주쳤을 때 느끼는 공포를 되짚어본다면, 물론 언어와 문화가 영향을 미치기는 하지만, 그 경험이 실제로 어떻게 느껴지는가의 관점에서도 영향을 미치는지는 분명치 않다.

이런 지적에 말릭은 "뭐, 그 수준에서 언어가 경험에 어떻게 영향을 미치는지를 실제로 아는 사람은 아무도 없습니다"라고 수긍한다. "하지만 언어가 없으면 이러한 것들을 사회적인 의미의 맥락 안에서 경험할 수 없다는 말은 할 수 있다고 생각합니다. 상징적이고 사회적인 존재로서의 인간은 통증만큼 기본적인 생리학적 반응까지도 변형시키는 것 같습니다. 굳이 마조흐Masoch 남작*이 아니더라도, 우리는 통증의 경험이 때로는 쾌감을 줄 수 있으며, 때로는 성적 만족이나 다른 형태의 만족의 일부로서 통증을 추구하기도 한다는 사실을 알고 있습니다. 다시 말해서 통증과 같은 반응까지도 언어와 사회문화적 관습으로 조정될 수 있으며, 통증에 대한 인간의 반응은 다른 동물들의 것과 다를 수 있다는 것이죠. 우리가 우리의 경험을 돌아보는 방식은 분명 언어와 문화를 통해 조정됩니다. 하지만 그렇다고 경험 자체, 어떻게 느껴지는가는 단순히 자연스럽고 조정되지 않은 생리학적 반응이라고 보아서는 안 됩니다. 경험 역시도 사회적으로 조정됩니다."

"데카르트는 자신의 마음을 아는 것이 다른 마음들을 알기 위한 출발점이라고 주장했습니다. 저는 다른 마음들을 알지 못하면 우리 자신의 마음을 아는 것이 불가능하다고 말하고 싶습니다. 우리 자신의 경험으로부터 다른 인간의 경험을 추론할 수 있기는커녕, 우리가 우리 머릿속에서 무슨 일이 일어나는가를 진정으로 아는 유일한 방법은 다른 인간들과 관계를 맺는 방법뿐입니다. 우리가 우리 내면의 생각이나 느낌을 이해할 수 있는 이유는 오로지 우리가 개체로서가 아니라 사회 공동체 안에서, 특히 언어로 묶인 공동체 안에서 살기

* 마조히즘이라는 단어의 유래가 된 소설가.

때문입니다."

이 주장의 의의는 언어가 없는 인간 이외의 동물들도 우리와 같은 종류의 경험을 하는가의 여부와 일부 관계가 있다. 말릭은 예컨대 영장류가 통증을 경험한다고 생각할까?

"과학적 관점에서 보면 어떤 식으로든 우리가 이 질문에 답할 수 있는 길은 전혀 없습니다"라고 그는 대답한다. "동물의 경험에 관한 주장들 대부분은 동물복지운동에서 나오고, 그 운동에는 '고통 받는 동물'이나 '동물의 아픔'과 같은 통속화한 개념들이 있습니다. 우리들 대부분은, 만일 상처를 입었거나 비좁은 우리처럼 불쾌해 보이는 상황에 놓인 어떤 동물, 최소한 척추동물을 보면, 그 동물이 고통스럽거나 아플 것이라고 가정합니다. 그 느낌은 자연스럽게 그리고 본능적으로 발생하죠. 의인화는 우리 본성의 일부인 듯합니다. 우리는 다른 사람들의 마음을 읽도록, 그리고 다른 동물들에게도 우리 것과 같은 마음이 있다고 가정하도록 설계된 것 같습니다."

"하지만 동물들이 실제로 그렇다는 과학적 증거는 없지요. 고통 받는 동물이라는 개념을 옹호해온 동물학자 매리언 스탬프 도킨스Marian Stamp Dawkins조차, '아무리 대단한 측정 수단이라도 우리에게 동물들이 무엇을 경험하고 있는지를 말해줄 수는 없다'는 점을 인정하죠. 그녀는 동물들이 우리와 유사한 방식으로 통증을 경험한다는 결론은 우리 자신의 느낌들을 유추해서 나온다고 주장합니다. 동물들도 우리 인간들이 아플 때 하듯이 몸부림치고, 울부짖고, 쇠약해지는 것처럼 보이니까 동물들도 통증을 느낄 수 있다는 가정이 합당할 것 같다는 이야기이죠."

"그렇지만 동물들이 인간과 비슷한 것들을 많이 하기는 해도, 꼭 같은 이유로 그렇게 하는 것은 아닙니다. 개미는 다른 개미를 '노예로 삼고', 오리는 '강간'을 하는 등의 예들이 있지만 개미의 노예와 인간의 노예, 오리의 강간과 인간의 강간 사이에서 유사성을 이끌어낼 합당한 이유는 전혀 없습니다. 다시 말해서 동물의 행동이 언제나 인간의 행동의 딱 맞는 유사물이 되지는 않습니다. 또 어떤 경우든지, 심지어 인간의 경우조차도 행동이 반드시 감각의 훌륭한 지표인 것도 아니고요. 한 연구는 심한 부상으로 입원한 환자들 가운데 40퍼센트는 부상 당시에 상황을 완전히 알고 있었는데도 통증을 전혀 인식하지 못했고, 40퍼센트는 예상보다 덜 아팠으며, 20퍼센트만이 예상만큼 아팠다고 보고했습니다. 또 다른 연구팀은 마취를 받은 사람들이 이를 뽑는 동안 마치 아픈 것처럼 몸부림치고 튀어 오르고 소리를 지를 수도 있으며, 그럼에도 이가 이미 뽑힌 줄은 전혀 몰라서 이가 뽑힌 다음에도 언제 뽑을 거냐고 묻기 일쑤였다는 사실을 우리에게 보여주었죠."

"동물 경험의 과학적 이해라는 문제를 더욱 악화시키는 것은 '감각sentience', '의식consciousness', '자의식self-consciousness' 같은 개념들이 그 의미에 대한 깊은 생각 없이 사람들 입에 오르내리고 있다는 사실이지요. 감각과 의식의 차이는 무엇일까요? 자의식이 없는 상태에서도 의식이 있는 것이 가능할까요? 가능하지 않다면 인간 이외의 동물들의 경험은 어떤 의미를 가질까요? 이런 질문들이 너무 드뭅니다."

말릭의 주장은 철저한 인간주의를 근거로 하고 있다. 인간주의자에 대한 비판들 가운데 하나는 세상을 향해 정당하다 할 수 없는, 순전히 도구주의적인 입장을 채택할 수 있다는 것이다. 즉 세상과 그 안에 있는 모든 것들이 인간의 의지에 따라 변형되기 위해 존재한다고 본다는 비판이다. 이것은 정당한 우려일까? 예를 들어, 만일 우리가 인간 이외의 동물들에게는 실제적 자아감이 전혀 없다는 주장을 받아들인다면, 이는 자의식과 행위주체성과 연관된 것이 분명한 종류의 권리들을 동물들에게 줄 이유가 없다는 뜻일까?

"분명 우리에게는 자연환경을 도구적으로 다루고 변형시킬 수 있는 상당한 능력이 있고, 여기에는 아무 잘못도 없다고 봅니다" 라고 말릭은 대답한다. "사실 인간이 발전해온 전 과정이 우리의 이익을 위해 환경을 변형시키는 과정이었죠. 그런 일이 문제라면 농사, 그리고 사실상 우리가 지난 2만 년에서 3만 년 동안 해왔던 다른 모든 것도 문제가 되겠죠."

"동물들에게 권리가 있을까요? 전 그렇게 생각하지 않습니다. 권리란 우리가 자기 행동에 책임을 질 능력이 있는, 의식 있는 행위주체자로서 존재한다는 걸 표현합니다. 우리는 침팬지를 살인죄로 고소하지 않는 것과 마찬가지로, 그들에게 권리를 부여하지도 않습니다. 그들에게 권리를 준다는 것은 우스꽝스런 일이 될 것이고, 어쨌거나 어떤 점에서는 도무지 권리를 줄 일이 없을 겁니다. 권리를 가지려면 그 권리를 주장할 수 있어야 하지만, 침팬지는 그럴 수가 없으니까요. 어쩌면 그들에게도 권리가 있지만 사실상 그들 편에서 행동하는 인간에게 대신 맡긴 것이라고 말할 수도 있겠죠. 그러니까 설사 우리가 원숭이들에게 권리를 주고 싶다 해도, '권리'의 의미 자체를 왜곡하지 않고는 불가능할 겁니다."

"동물 실험은 어떨까요? 저는 의학 연구의 성과로 이루어지는 모든 종류의 의학적·과학적 발전으로부터 혜택을 얻는 인간의 안녕이 실험 대상이 되는 동물들의 안녕보다 훨씬 더 중요하다고 생각합니다. 제가 보기에 동물 실험에 반대하는 사람들은 동물 실험으로 얻을 수 있는 의학적 발전이 지니는 중요성이나 유용성을 인정하지 않는다는 점에서 지극히 반인간주의적인 관점인 것 같습니다."

동물이 그냥 좀비라면 완벽하게 수긍할 수 있겠지만 만약 인간 이외의 동물이 지닌 자의식 수준을 다르게 판단한다면, 사정이 달라질 것인지 궁금하다. 예컨대 영장류의 경우가 있을 수 있다. 자의식의 발달과 경험의 조정에는 언어가 중요하다는 주장을 인정한다 해도, 영장류의 뇌는 웬만큼 발달되어 있어서 우리 인간의 것과 같은 종류의 자의식과 경험은 아니더라도 얼마간의 자의식이 존재할 수 있을 것 같다. 그러면 이 사실이 영장류 실험을 도덕적으로 곤란하게 만들 수도 있지 않을까?

이런 의문에 말릭은 "저는 '얼마간의 자의식'이 무엇을 뜻하는지 잘 모르겠습니다"라고 답한다. "인간 이외의 동물들에게 자기자각이 있다는 주된 증거는 거울 실험에서 나옵니다. 침팬지를 마취시켜놓고 그동안 침팬지 얼굴에 표식을 그립니다. 뒤이어 얼굴을 거울에 비추면, 침팬지는 그 표식이 자기 얼굴에 있다는 것을 알아차립니다. 반면에 원숭이는 그 표식이 자기 몸에 있다는 사실을 깨닫지 못하죠. 처음 실험으로 이런 사실을 보여준 고든 갤럽Gordon Gallup은 이 결과가 바로 침팬지에게 자기자각이 있음을 보여준다고 주장합니다."

"하지만 우리의 의식적 자아는 몸에 있는 것이 아닙니다. 우리의 의식적 자아는 거울에는 비치지 않습니다. 다른 사람들에게도 마음이 있다는 걸 알지 못하고 자신이 남들에게 어떻게 보이는지를 생각할 수 없는 자폐아들도 정상아들과 같은 나이에 거울을 사용해서 자신의 몸을 살펴볼 수 있죠. 비비원숭이에서부터 코끼리에 이르는 많은 동물들이 거울 또는 폐쇄회로 텔레비전을 이용해서 자기 팔다리를, 코끼리의 경우는 코의 움직임을 조종할 수 있습니다. 그러므로 자기인식self-recognition은 자기자각self-awareness과 다릅니다. 침팬지의 이런 행동은 자기자각을 가정하지 않고도 충분히 설명할 수 있습니다. 예를 들어 줄리언 제인스Julian Jaynes는 침팬지가 원숭이와는 달리 거울상과 자신의 몸 사이에 일대일 관계가 있다는 사실을 학습했을 것이고, 그래서 거울을 자기 몸을 조종하기 위한 광학적 도구로 사용할 수 있는 것이라는 의견을 제시했습니다. 거울 시험은 자아의 개념화보다는 몸의 자각이나 표상을 나타낼 겁니다."

"어떤 사람들은 우리가 동물들, 특히 영장류에게 자기자각이 있는지 없는지 확신할 수 없으므로 도덕적으로 옳은 방책은 자각이 있다고 가정하는 것이라 주장합니다. 저는 찬성할 수 없습니다. 과학자인 우리가 실제적인 증거도 없이 영장류에게 자기자각이 있다고 가정하면 과학에 커다란 해를 끼칠 수 있습니다. 그리고 수천 어쩌면 수백만 인간의 삶을 구하거나 향상시킬 수 있을 동물 실험을 영장류에게 자기자각이 있을지 모른다는 근거로 금지하는 것이 어떻게 도덕적일 수 있습니까? 설사 유인원에게 일부 사람들이 믿는 것처럼 자기자각이 있다 해도, 저는 거리낌 없이 의학적 또는 과학적 발전을 위해 중요한 실험을 할 것입니다."

그렇다면 말릭의 논지는 도덕적 주체의 필요조건을 상당히 엄격하고 직선적으로 설정하는 것 같다. 도덕적 주체가 되려면 감각, 이성, 자의식과 같은 것들이 필요하며, 이것들이 인간 이외의 동물들에게는 의미 있는 정도로 존재하지 않는다고 보는 것이다.

"그렇습니다" 하고 말릭이 인정한다. "도덕적 권리는 주체로서의 우리 존재에서 생기는 산물입니다. 인간 이외의 동물들은 주체가 아닙니다."

어쩌면 이 모든 논의를 통괄하는 중심 주제는 인간은 어떤 의미에서 자연적이고 생물학적인 유기체로서의 특징을 초월할 수 있으며, 이 능력이야말로 인간을 하나의 동물로서 다른 모든 동물들과 명백히 구분하는 표식이라는 관념일 것이다. 하지만 우리가 철저하게 물리적 세계 안에 붙잡혀 있다는 것을 보여주는 연구가 있었으며, 실제로 그 연구는 행위주체성이나 의식과 같은 것들이 최소한 어떤 의미에서는 착각일 수 있음을 암시하고 있다. 1960년대에 벤저민 리벳Benjamin Libet이 실시한 준비전위readiness potential 연구가 적절한 사례이다.

준비전위는 손가락 흔들기 같은 의식적인 인간의 행위에 앞서 뇌 안에서 일어나는 전기적 변화이다. 리벳이 자원자에게 30초 이내에 손가락을 흔들라고 요청했을 때, 인간 피실험자가 손가락을 흔들어야겠다고 마음 먹은 것은 준비전위가 나타나고 나서 0.3초에서 0.4초가 지난 뒤였다. 이는 당혹스러운 일이었다. 리벳이 말했듯이, '그 사람이 그 행위를 하고 싶다는 것을 의식적으로 알기 훨씬 전에(!) 자유로운 자발적 행위가 뇌 안에서 무의식적으로 개시되는 것처럼' 나타났기 때문이다. 이 결론은 말릭의 주장에 큰 위협이 될 것 같다. 우리의 의식적 행위가 무의식적으로 개시된다면, 자유의지와 행위주체성은 어떻게 되는 걸까? 우리는 정말로 결국 정교한 기계일 뿐일까?

"사실, 저는 리벳의 연구가 흥미롭기는 해도 인간의 행위주체성에 관한 논쟁과는 무관할 것이라고 생각합니다"라고 말릭은 대답한다. "만일 유물론자라면 누구든지 행동이 한 수준에서는 뇌에서 일어난다는 사실을 인정할 겁니다. 그러므로 리벳이 보여준 실험에 깜짝 놀랄 이유는 전혀 없죠. 행동은 원인 없이 일어나고 자유의지는 미결정된 우주에만 존재할 수 있다고 믿는 것이 아닌 한, 리벳의 결과가 행위주체성에 관한 주장들의 토대를 무너뜨리지는 않는다는 것이 제 생각입니다."

"저는 자유의지와 행위주체성은 결정된 우주에만 존재할 수 있다는 대니얼 데닛Daniel Dennett의 의견에 동의합니다. 미결정된 우주에서 나올 수 있는 건 자유가 아니라 무질서입니다. 문제는 단지 인간을 결정된 존재이면서 동시에 자유로운 존재로 생각할 수 있게 해주는 개념적 틀이 아직까지 우리에게 없다는 점이죠. 진정한 과제는 우리가 우리 자신을 동시에 이 두 가지 방식으로 볼 수 있게 해줄 틀을 만들어내는 일입니다."

하지만 어떤 식으로든 의식은 우리 뇌의 생리적 상태의 변동에 좌우된다는 리벳의 급진적인 결론을 인정하면, 행동의 환원주의적이고 인과적인 설명, 곧 기계적인 설명이 타당해 보인다. 이렇게 보면 우리의 행동을 실제로 몰아가는 것은 의도, 동기, 의미와 같은 것들의 아래 수준에서 펼쳐지고 있는 인과 과정일 뿐인 것 같다.

"물론 이런 입장을 주장하는 사람들이 있습니다"라고 말릭은 인정한다. "우리를 단순히 생물학적인 객체로 보고 싶은 사람들 말이죠. 문제는 그들의 기준으로는 그 주장을 믿어야 할 이유를 납득시키지 못한다는 점이죠. 만일 '의도, 동기, 의미'가 부수현상에 지나지 않는다면, 진실 역시 마찬가지입니다. 단순히 객체들로 이루어진 세상에서 '진실'따윈 아무 의미도 없습니다. 반인간주의 철학자 존 그레이John Gray가 말했듯이, '생존을 위한 투쟁 속에서 진실에 취미를 가지는 것은 사치'이며, 심하게 말하면 '장애'입니다. 진화적 관점에서 볼 때 진실은 우연한 사건이죠. 다윈주의적 과정들을 이끌고 가는 것은 다름 아닌 필요, 진실을 확인할 필요가 아니라 생존하고 번식할 필요입니다. 실제로 의식과 행위주체성은 자연선택이 설계한 착각이라는 주장은, 세상을 거짓으로 판단하는 것이 생존에 도움이 된다면 진화가 이런 거짓을 선택할 수 있다는 생각에 의존하고 있습니다. 따라서 우리가 단순히 생물학적인 객체라면, 의식과 행위주체성뿐만 아니라 진실과 이성 역시 사라질 겁니다. 그럴 경우 우리가 생물학적인 개체일 뿐이라는 주장도 전혀 믿을 게 못 되죠. 과학이 인간이 의식도 행위주체성도 없는 존재임을 드러내고 있기는커녕, 우리가 과학을 할 수 있는 유일한 이유가 바로 단지 객체로서가 아니라 주체로서 행동할 수 있는 능력 때문입니다."

"물론 우리에게는 우리 존재의 유물론적 설명이 필요하지만, 그 설명은 의식과 행위주체성이 기계의 연기 속에서 '펑' 하고 사라지지 않도록 해야 합니다. 인간을 생물학적인 존재이면서 동시에 일정한 정도의 자유를 지닌 행위주체자로 이해하려 노력할 때 마주치는 문제는, 지금 우리에게 이 두 관점을 유물론적 세계관 안에서 화해시킬 개념적 틀이 없다는 점입니다. 저는 이 난제를 어떻게 풀지 모르지만, 다른 누구도 알 수 없을 것이라 생각하지는 않습니다. 그러나 이 쟁점에 관해 올바른 질문에서 출발하지 않는 한 결코 올바른 해답에 도달하지 못할 겁니다."

5. 인공두뇌학과 사이보그의 미래

• 케빈 워릭과의 인터뷰

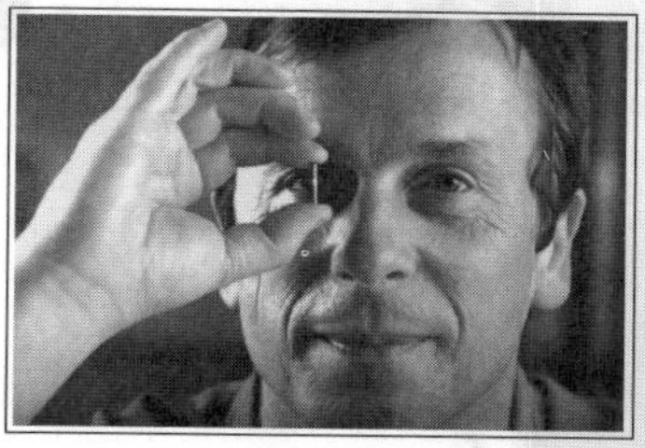

케빈 워릭Kevin Warwick

레딩 대학의 인공두뇌학 교수. 열여섯 살에 브리티시 텔레콤에서 일을 시작하여 6년을 보낸 뒤에 비로소 애스턴 대학에서 학사 과정을 시작했다. 뒤이어 임페리얼 칼리지 런던에서 컴퓨터공학과 로봇공학 박사 과정까지 마치고, 계속해서 같은 대학에서 연구직을 맡았다. 그 뒤로 옥스퍼드, 뉴캐슬, 워릭 대학에 재직하다가, 32세에 레딩 대학 교수가 되었다. 『기계의 마음속*In the Mind of the Machine*』,『나는 왜 사이보그가 되었는가』 등 대중과학서적을 여러 권 썼다.

What Scientists Think

레딩 대학의 인공두뇌학 교수인 케빈 워릭은 논란의 중심에 있는 인물이다. 34세에 교수가 되고 300편이 넘는 논문을 발표한 이력을 포함해, 학계에서의 경력은 일급이다. 그럼에도 그가 새천년의 첫 왕립협회 크리스마스 강연에서 강의를 하게 될 거라는 예고가 나갔을 때는 왕립협회장 수전 그린필드 교수가 나서서 워릭에 대한 지지를 표명해야 했다. 학계 일각에서 그의 지명을 비난하고 나온 다음이었다. 그가 매사추세츠 공과대학에서 주는 '보건과학기술의 미래상'과 같은 상들을 수상했다는 사실에도 불구하고, 손꼽히는 과학기술 웹사이트인 '더 레지스터The Register'는 그의 연구에 관해 상당히 비판적인 글들을 연달아 실었다.

워릭이 논란을 불러일으키는 가장 주된 원인은 대중매체의 주의를 끌려는 그의 태도에 대한 불쾌감일 것 같다. 그는 대중의 관심을 즐긴다. 예를 들어 그가 저술한 로봇공학과 인공두뇌학에 관련된 쟁점들을 다룬 대중서적들 가운데 한 권인 『기계의 마음속』에서, 그는 일단 기계가 인간보다 더 똑똑해지고 자율적으로 학습을 할 수 있게 되면 기계들이 인류를 지배하게 될 것이라고 주장한다. 이 주장은 격렬한 비판적 반응을 불러일으켰고, 가지각색의 말들이 나왔다. 어리석다, 이상하다, 우스꽝스럽다, 기묘하다……. 그러나 이런 일이 현실적으로 가능하다고 생각하는 사람이 워릭 혼자만은 아니다. 예를 들어 스티븐 호킹Steven Hawking, 휴고 드 개리스Hugo de Garis, 빌 조이Bill Joy, 한스 모라벡Hans Moravec 모두가, 인간이 언젠가 기계를 추종하게 될 것이라는 예측이 상상할 수 없는 것은 아니라고 주장했다.

이 주장의 워릭 버전은 최소한 기계에 지능이 있을 것을 요구한다. 그러나 이 문제도 논란의 여지가 많다. 예컨대 철학자 존 설은 그의 '중국어 방 사고실험'*을 통해, 디지털 계산 장치들은 우리가 뜻하는 의미대로의 사고를 할 수 없다고 주장한 것으로 유명하다. 이런 주장이 옳다면, 지능의 문제는 최소한 미결 상태로 남는다. 그래서 이 인터뷰는 워릭에게 지능이 무엇이라고 생각하는지, 오늘날의 로봇이나 기계에 지능이 있다고 생각하는지 물어보는 것에서 출발해보았다.

"글쎄요. 말할 필요도 없이, 어떤 사람들은 기계에 지능이 있다고 여기려면 먼저 기계가 인간 같은 특성들을 드러내야 한다고 생각합니다"라고 그가 말을 시작했다. "마빈 민스키Marvin Minsky가 저

* 존 설은 중국어를 전혀 모르는 사람이 중국어로 된 모든 질문과 답변 목록이 있는 '중국어 방'에 들어가서, 밖에서 들어오는 중국어 질문을 목록에서 찾아 밖으로 답변하는 사고 실험을 제안했다. 밖에서는 그가 중국어를 이해하고 있다고 생각하겠지만, 사실은 그렇지 않다는 것이 존 설의 주장이다. 그는 이를 통해 튜링 검사로는 기계의 지능을 판정할 수 없다고 주장했다.

서인 『마음의 사회*The Society of Mind*』에서 이 문제를 다루었고, 튜링 검사* 도 그 예가 될 수 있죠. 물론 전체적인 논의는 결국 우리가 '지능'이라는 단어를 사용할 때 무엇을 뜻하는가로 돌아갑니다. 예컨대 지능은 지식과 동등할까요? 어떤 면에서 우리는 그렇다고 생각하는 것 같습니다. 텔레비전의 퀴즈 쇼인 〈유니버시티 챌린지〉나 〈누가 백만장자가 되고 싶은가?〉를 봅시다. 지식 시험입니다. 그리고 우리는 컴퓨터가 엄청난 데이터베이스를 이용해서 그런 퀴즈에서 문제없이 우승하리라는 것을 알죠. 따라서 만일 지능이 지식, 계산 능력, 정보전달 등등과 관계가 있는 거라면, 기계에게는 정말로 지능이 있습니다. 하지만 중요한 점은 기계들은 인간과 다른 방식의 지능이 있다는 점이죠. 사실 모든 동물에게는 약간 다른 방식의 지능이 있습니다. 벌들은 수증기 신호를 감지해서 세계를 이해합니다. 인간은 그럴 수 없죠. 그러므로 수증기를 이용한 지능 검사는 인간에게는 의미가 없고, 인간이 벌보다 낮은 점수를 받을 겁니다. 저는 인간에게 지능이 있다고 말할 때와 같은 종류의 지능이 아니라는 것이 분명하다는 전제하에서, 기꺼이 기계에 지능이 있다고 말합니다."

물론 지능은 논쟁의 여지가 있는 개념이므로, 워릭이 이런 식의 자유로운 방식으로 정의하는 데에는 아마도 이의를 제기할 수 없을 것이다. 그렇지

* 앨런 튜링이 제안한 기계의 지능 검사로, 사람이 장막을 사이에 두고 기계와 대화하여 상당한 시간이 지나도 기계임을 알아차리지 못한다면 그 기계는 인간과 같은 지능을 지녔다고 판정한다.

만 인간의 지능에는 세상에서 유일무이한 어떤 점이 있다. 다시 말해, 인간의 지능은 매우 유연하며, 목표 지향적이고, 맥락에 의존하지 않고 의사결정을 할 준비가 되어 있다. 기계가 인간처럼 이런 유형의 지능을 가지게 될 수 있을까?

"미래에는 아마도 기계가 인간이 할 수 있는 어떤 과제든지 성취할 수 있을 것은 분명합니다. 하지만 그렇다고 해서 반드시 기계가 인간과 같은 종류의 지능을 가지게 된다는 뜻은 아닙니다. 기계가 지능을 가진다는 주장을 의심하는 사람들은 기계는 결코 자의식을 가질 수 없다고 말합니다. 그리고 그 사람들은 엄청나게 많은 과제들에서 기계가 인간보다 훨씬 더 낫다는 사실을 무시해버리죠."

"제 관점은 기계들이 아마도 결코 인간과 정확히 똑같은 방식으로 지능을 갖게 되지는 않으리라는 겁니다. 기계의 뇌가 인간의 뇌와 똑같은 재료로 만들어지지 않는 이상 그건 그렇겠죠. 물론 똑같은 재료로 만든다면 그 뇌는 어느 모로 보나 인간의 뇌가 되겠지만 말입니다. 하지만 이 생각의 전체적인 줄기는 인간중심적입니다. 기계의 지능을 생각하는데 어째서 인간의 지능에서 출발합니까?"

"물론 이건 탐구할 만한 흥미로운 철학적 쟁점입니다. 하지만 철학적인 수준에서조차, 기계는 어떤 종류의 자기자각도 절대로 가지지 못할 것이라는 생각도, 자기자각이 없다면 기계들은 반드시 언제까지나 인간보다 지능이 떨어질 것이고 인간이 항상 주인 역할을 한다는 생각도 당연한 건 아닙니다."

기계의 지능이 어느 날 인간의 지능과 맞먹을 것이라는 워릭의 예측이 옳다고 생각할 이유는 결정적이지는 않더라도 분명히 있다. 한 가지는 무어의 법칙과 관련이 있다. 무어의 법칙은 컴퓨터의 처리 능력이 18개월마다 두 배씩 증가한다고 설명한다. 소형화의 한계와 관련된 문제가 있기는 하지만 만일 무어의 법칙이 다음 수십 년에 걸쳐 지켜진다면, 순전히 처리 능력만을 놓고 볼 때 2050년쯤에는 컴퓨터의 뇌가 인간의 뇌보다 더 강력해질 것이다. 물론 이 수치가 반드시 지능이나 의식과 동등하지는 않다. 그러나 이는 기계가 인간을 지배하게 될 수 있다는 심각한 위험을 이야기하는 워릭의 의심을 뒷받침해주는 유리한 근거일 것이다.

그러나 기계에게 지능이 있다고 해도, 그 결과로 인간이 종속될는지는 분명치 않다. 예를 들자면, S. F. 작가인 아이작 아시모프Isaac Asimov는 로봇기술의 안전성을 보장하기 위해 고안한 로봇공학의 세 가지 법칙을 구체적으로 나열했다.

1. 로봇은 인간을 해치거나, 행동하지 않음으로써 인간이 해를 입게 해서는 안 된다.
2. 제1법칙에 위배되지 않는 한, 로봇은 인간의 명령에 복종해야만 한다.
3. 제1, 제2법칙에 위배되지 않는 한, 로봇은 자신을 보호해야만 한다.

『아이, 로봇』에서

우리가 만들어내는 지능 있는 기계들에도 아이모프가 고안한 안전장치들을 이용할 수 있지 않을까? 이 점을 워릭에게 물어보았다.

"그럴 수도 있겠지만, 우리는 아마 그러지 않을 겁니다. 또 이런 시나리오를 생각해봅시다. 당신에게 어떤 금융 기계가 생겼습니다. 그 기계는 거래를 진행합니다. 그 거래가 브라질 대신 케냐에서 커피를 사는 것이라면 뭐 그러라고 합시다. 하지만 그건 한편으로는 브라질에 있는 2백 명의 사람들이 직업을 잃는다는 의미일 테고, 그건 고려하도록 프로그램되지 않은 일입니다. 아시모프의 법칙과 같은 규칙을 집어넣었더라도, 기계는 무심코 인간을 해칠 수 있지요. 게다가 병기를 생각해보세요. 무기의 시스템 안에 아시모프의 법칙을 집어넣는다는 것은 완전히 바보짓이죠. 시스템의 모든 목적을 무효로 만들 테니까요. 모든 무기 시스템에는 아시모프 법칙이 반대로 들어갑니다. 살인할지니라."

"학습하는 기계에게 의사결정을 양도하면, 우리는 난처해집니다. 기계에게 학습을 허락하고, 이전까지 구체적으로 프로그램된 적이 없는 의사결정을 허락하자마자, 그 기계들이 어떤 상황에서 무엇을 하게 될지 확신할 수 없게 됩니다. 물론 위험은 우리가 기계에게 가령 폭탄 투하와 같은 어떤 일들을 할 수 있는 권한을 주는 경우에만 오겠지만, 우리는 그 권한을 줄 가능성이 높습니다. 우리는 기계가 많은 것들을 할 수 있기를 바랍니다. 더욱이 기계가 드넓은 네트워크의 일부가 되면 그 위험은 배가됩니다. 그러면 기계는 우리가 전혀 모르는 정보를 얻을 것이고, 그 정보는 우리가 전혀 통제할 수 없는 다른 기계들로부터 올 겁니다."

"전체적인 상황은 안개 낀 날에 절벽 끝을 걷고 있는 것과 같습니다. 한 발을 뗄 때마다 당신은 '문제없어, 한 발 더 가자'라고 생각하지만, 결국에는 끝을 넘어가게 되겠죠."

워릭은 인간이 기계 기술을 몸속 깊이 맞아들임으로써 이 위협에 대응해야 한다고 생각한다.

"그것이 바로 사이보그 아이디어, 즉 인간은 완전한 기술을 사용하여 자신을 개선해야 한다는 생각입니다. 우리가 사이보그가 된다면 초감각, 다른 방식으로 생각하는 능력, 생각만으로 대화하는 능력 등을 얻을 수 있습니다. 잘만 되면 이런 식으로, 발달하는 기계 지능을 계속해서 제어할 수단을 확보할 수 있습니다."

워릭이 이 생각을 진심으로 고려하고 있다는 사실은 그가 자기 자신에게 실시한 두 차례의 이식 실험이 증명해준다. 1998년 첫 번째 실험에서 그는 팔에 실리콘 칩 송수신기를 이식했으며, 그 칩을 이용해서 레딩 대학 인공두뇌학과에 설치된 컴퓨터와—그리고 컴퓨터를 통해서 전등, 문, 난방장치들과—연결하여 상호작용할 수 있었다. 2002년에 실시한 두 번째 실험에서는 수술로 왼팔 정중신경*섬유 안쪽에 미세전극의 배열을 심었다. 워릭은 배열을 이용해 전동 휠체어를 조종하는가 하면, 인공 손을 조종하고 피드백을 받을 수 있었으며, 역시 정중신경에 단일 전극을 이식한 아내 이레나에게 그 전극을 통해 신호를 전달할 수 있었다.

워릭은 이런 종류의 실험들이 사이보그 미래를 향한 여정의 첫 걸음

* 팔의 안쪽 한가운데를 지나는 신경.

이라고 생각하면서도, 이 미래가 어떤 모습일지 명확히 예상하기는 불가능하다고 인정한다. 그는 '생각을 통한 대화'나 '감각의 증강'과 같은 것들의 가능성을 이야기하지만, 이런 것들이 어떤 것이 될지를 상상하기는 매우 어렵다고 시인한다. 그러나 그는 배열 이식을 이용해 자신의 팀이 수행한 실험 가운데 하나에서 모종의 초감각을 직접 경험했다고 주장한다. 실험에는 초음파 전송기와 수신기가 달린 야구모자가 사용되었다. 전송기가 신호를 보내면 그 신호는 근처에 어떤 물체가 있을 때마다 반사되어 수신기로 돌아왔다. 그러면 그 결과, 전류가 일련의 펄스가 되어 워릭의 정중신경 쪽으로 밀려왔다. 물체가 가까울수록 펄스도 빨랐다.

"마치 초감각을 얻은 듯했습니다. 물건들에 부딪히지 않고 돌아다닐 수 있었죠. 그것들이 거기에 있다는 것을 그냥 알 수 있었습니다. 그 정보는 전기 신호로 들어오고 있었지만, 제 뇌는 그 신호를 근처에 물체가 있다는 감각으로 만들었습니다. 유쾌한 경험이었죠."

이런 보고가 지니고 있는 문제는, 그 경험이 물체가 가까이 있다는 사실을 곧바로 알려주어서 생각할 필요도 없이 알게 된 건지, 아니면 더 빠른 펄스가 물체가 가까이 있음을 나타낸다는 것을 의식했기 때문에 아는 건지를 구별하기가 매우 어렵다는 점이다.

"매우 어려운 문제이죠"라고 워릭이 수긍한다. "분명 제가 생각하기에는 즉각적인 경험인 것 같았습니다. 하지만 당시에 저희는 제 신경계를 여러 다른 방식으로 자극하고 있었고, 저는 그 신호들에 동조되어 있었습니다. 또 눈을 가리고 있었지만 초음파 감지기들이 야구모자에 장착되어 있었기 때문에, 대체 눈을 가진 것과 같았고, 대단한 상상의 도약은 필요하지 않았습니다. 그리고 분명 제가 느끼는 펄스가 무엇을 뜻하는지도 알고 있었고요. 하지만 그래도 역시, 느껴지는 것은 그냥 근처에 물체가 있다는 것이었습니다. 그 느낌은 워낙 진짜 같아서, 연구원의 한 사람인 이아인이 회로기판을 들고 저를 향해 다가왔을 때는, 마치 무언가가 저를 향해 엄청난 속도로 다가오고 있는데 눈에만 보이지 않는 것 같았습니다."

그러면 이 연구는 어떻게 받아들여졌는가? 초감각이라는 것이 그저 신경계로 들어가는 신호가 있다는 것에 지나지 않으며, 어떤 상황인지 알고 있기 때문에, 펄스가 빠르게 오면 무언가가 가까이에 있고, 느리게 오면 멀리 있다는 것을 아는 것에 불과하다고 하찮게 평가한 사람은 또 없었나?

"솔직히 그 연구가 받아들여진 방식은 약간 실망스러웠습니다. 저는 사람들이 초감각 실험에 더 많은 관심이 있을 것이라고 생각했죠. 당신이 말한 비판을 받았더라면 저는 기뻤을 겁니다. 하지만 반응은 흥분 아니면 완전한 무시였습니다. 무슨 일이 일어나고 있는지에 관한 전문적 논의가 있었으면 했지요."

"하지만 저는 이런 관심의 부족이 부분적으로는 제가 연구를 수행하는 방식의 작용이라는 사실을 깊이 깨달았습니다. 다른 누구도 이와 흡사한 것을 하지 않고 있는데다, 좀 별스러운 일이기 때문에, 진지하지 않은 것, 또는 과학이 아닌 것으로 분류될 수도 있습니다. 저는 사람들이 반사적 반응 이상으로 반응하기는 어렵다고 생각합니다. 하지만 단지 제가 농담을 하고 야구모자를 쓴다고 해서, 그리고 단지 제가 매사에 시험해보기를 좋아한다고 해서, 저희가 하고 있는 일이 흥미롭지 않다는 뜻은 아니죠."

워릭에 대한 더 일반적인 비판들 가운데 하나는 연구를 과대광고한다는 것이다. 예컨대 「와이어드*Wired*」 기사에서 과학기술 기자인 데이브 그린Dave Green은 워릭이 로봇이 세계를 접수할 것이라고 예측하지만 막상 로봇의 능력을 보여주는 실험은 형편없다고 불만을 표시했다. 그는 기사에서 워릭의 팀이 설계한 하프마라톤을 뛰는 로봇을 예로 들었다.

"그때 일은 정말 재밌었죠" 하고 워릭이 웃으며 말한다. "하프마라톤 로봇 로저ROGERR—레딩의 유일한 진짜 끈질긴 달리기 로봇Reading's Only Genuine Endurance Running Robot—는 레딩 하프마라톤에 첫 번째로 등록했습니다. 우리는 작업에 최선을 다했지만, 막상 경주를 하기에는 로봇의 준비가 되지 않았습니다. 유감스러운 일이었죠. 한 무리의 기자들이 이 기사를 쓰려고 대기 중이었거든요. 6개월 뒤 로저가 마침내 경주가 열리는 브라크넬에 도착했을 때, 경주에는 평소보다 두 배나 더 많은 사람들이 몰려들었습니다. 사람들이 로봇과 함께 뛰고 싶어 했기 때문이었죠. 날씨가 아름답고 화창했습니다. 우리는 모든 실험을 구름 뒤덮인 우중충한 조건에서 해왔기 때문에 예상과는 다른 날씨였죠. 금요일 경주가 있기 전 로저는 빠릿빠릿하게 움직이지는 않았지만, 우리는 로저가 극복해낼 것이라고 자신했지요. 하지만 로저는 2킬로미터도 채 가지 못했습니다. 태양빛에 정신을 못 차리고 코스를 이탈해 도로변을 들이받아버린 거죠!"

"하지만 좋은 경험이었습니다. 연구를 시작하는 것은 매우 어려운 일입니다. 문제는 기술적인 부분이지 딱히 로봇과 관련이 있는 것은 아닙니다. 하지만 이 로봇들 가운데 하나를 조립해보지 않는 한, 얼마나 어려운지를 이해하기는 어렵습니다."

나는 워릭에게 로저에 대한 비판은 좀 불공정한 것 같다고 말했다. 많은 과학이 시행착오를 거치며 발전하니 말이다.

"확실히 그렇죠"라고 그가 동의한다. "제가 로봇 팔을 달았을 때도 처음에는 로봇 팔이 제대로 작동하지 않았습니다. 하지만 원래 연구란 그런 것이죠. 처음 제 신경계를 써서 스위치를 눌러 전등을 켜려고 했을 때는 불이 들어오지 않았습니다. 불이 들어온 것은 우리가 두 번째로 시도했을 때였습니다. 그러자 기사는 이렇게 나갔죠. '그가 스위치를 눌러 전등을 켜려고 했는데, 첫 번째 시도에서 불이 들어오지 않았다.' 전 이렇게 생각했죠. '잠깐만, 이전까지 한 번도 시도된 적이 없는 일을 두고, 단지 단번에 되지 않았다고만 말하고 있잖아.'"

그러나 과학적 노력이 시행착오를 겪는다는 사실이 분명하기는 하지만, 워릭이 대중에 알리는 내용 일부가 최소한 과대선전되는 '듯 보인다'는 비판에는 정당한 점이 있는 것 같다. 미세전극을 이식하면 다른 사람들이 워릭의 감정을 경험할 수도 있었을 것이라는 주장을 예로 들자면, 아직 이런 일이 어떻게 가능하게 될 것인지가 분명하지 않다.

"사실 다른 사람의 감정을 경험하는 일이 가능할까 가능하지 않을까의 문제에서, 어떤 일이 일어날지 실제로 아는 것은 전혀 없었습니다. 저는 「와이어드」에 가능할지도 모른다고 기사를 쓰면서 단순히 저희가 시도할 것이라고 말했을 뿐입니다."

하지만 분명, 그런 일이 일어나지 않을 것이라고 생각할 만한 이유들이 있다. 우리의 느낌과 감정들이 우리의 생화학적 구조와 떼려야 뗄 수 없이 이어져 있다면, 우리가 어떻게 미세전극 이식을 써서 그 느낌과 감정에 다가갈 수 있을지 불분명해진다. 여기에는 더 일반적인 문제도 있다. 인공두뇌학은 미래에는 사람들이 자신의 느낌을 서로에게 직접 전달할 수 있을 것이라고 장담하고 있지만 느낌과 감정이 단순히 전기적인 것이 아니라면, 이 일은 훨씬 더 어려워지지 않을까? 감정 상태의 전기적 출력을 기록하는 것은 가능하다 해도, 그 기록을 다른 사람에게 다시 전달했을 때 똑같은 감정이 일어날 것이라고 생각할 만한 이유는 없는 것 같다.

"뭐, 우리는 사실 그저 모릅니다. 우리는 아무것도 모릅니다. 아마 당신이 맞을 겁니다. 사람들의 뇌와 신경계는 서로 다르고, 그 와중에서도 항상 변화합니다. 하지만 그렇다고 시도도 하지 않을 이유는 아니죠. 당신이 슬픔을 느끼고 있고, 그 슬픔과 연관된 전기 신호를 포착해서 그 신호들을 다시 제 뇌로 발사한다면, 설사 당신의 슬픔이 전기화학적이라 해도, 제가 슬픔을 경험할지 아닐지는 여전히 알 수 없습니다. 우리는 어떤 일이 일어날지 모릅니다. 알아내는 유일한 길은 시도해보는 것이죠."

"제가 과대선전을 한다는 더 일반적인 비판에서 저는 그 안에 어느 정도는 진실이 있을 것이라고 생각합니다. 한 가지 이유는 제가 매체와 접하는 일이 많기 때문이죠. 어쩌면 제가 너무 자주 '할 수 있다'라고 답하는 건지도 모르지만, 제가 하는 일은 상당히 눈에 잘 뜨이는 일이라서, 할 수 있느냐 없느냐 하는 질문을 정말 많이 받습니다. 또 한 가지 이유는 저희가 미국 팀들과 경쟁을 하고 있다는 점입니다. 경쟁을 하려면 저희는 저희를 시장에 내놓아야 합니다. 사람들은 실험을 실험실에서 할 수도 있었을 텐데 왜 굳이 인터넷을 통해 신호를 대서양을 건너 미국까지 전달해서 로봇 팔을 움직였느냐고 물었습니다. 대답은 미국 팀과 경쟁을 하고 있었기 때문이라는 겁니다. 미국 팀은 다른 건물에 있는 로봇 팔을 움직일 수 있는 원숭이 한 마리를 데리고 있었습니다. 저희가 실험실에 머물러 있었더라면, 사람들은 저희가 한 일이 미국 팀이 해낸 일보다 인상적이지 않다고 불평을 했을 겁니다."

이 대답은 흥미롭다. 이것은 자금조달의 문제와 워릭의 연구 사이에 있는 쟁점을 제기한다.

"응용과학 학과에서는 학생들의 등록금만으로는 절대 부족합니다. 사회학 같은 과목과는 좀 다르겠죠. 사회학에는 엄청난 지출이 없지만, 우리는 학생의 연구과제 등을 위해 돈이 필요합니다. 따라서 외부에서 돈을 들여오는 것이 필수적이죠. 정부에서 나오는 것으로는 턱없이 부족합니다."

"처음 레딩에 왔을 때, 저는 두 가지 방향이 있다고 정했습니다. 하나는 지역 산업과 손을 잡는 것이었죠. 운 좋게도, 템스 밸리 지역에는 상당히 잘 나가는 회사들이 많았습니다. 다른 길은 학생 수를 늘리는 것이었죠. 이 방법은 쉽지 않았습니다. 인공두뇌학은, 말하자면 물리학처럼 역사가 있거나 명망이 있는 과목이 아니니까요. 사람들은 인공두뇌학을 중고등학교에서 공부하지 않죠. 학생을 모집하려면, 인공두뇌학을 직접 내다 파는 수밖에 없었습니다. 그리고 그 학과를 팔려면 이런 학문이 존재한다는 사실을 사람들에게 알려야 했습니다. 그리고 귀여운 로봇이 이 일을 하기에 좋은 수단인 것 같아서, 저희는 로봇을 제작했습니다."

"그렇지만 끌어들인 자금이 어떤 식으로든 원래 고안된 사이보그 프로젝트를 바꾸거나 수정한 적은 한 번도 없었습니다. 저에게는 저만의 일정이 있고, 그 일정을 따르고 있지요. 때때로 후원자의 이름이 새겨진 셔츠나 모자를 착용하고 텔레비전에 나가곤 했지만, 그런 건 아무것도 아닌 일입니다. 저는 이따금씩 회사 간부들에게, 때로는 후원자의 고객들에게도 발표를 합니다. 이 역시 문제없이 해냈습니다. 하지만 연구의 전체적인 방향에 후원자의 요구가 영향을 주지는 않습니다."

이 대답이 설득력 있는 이유는 워릭은 순전히 사이보그가 된다는 것이 어떤 기분일지 알고자 하는 깊은 호기심으로 움직이기 때문이다. 그는 자신이 옛날 방식의, 무작정 한 번 해보는 실험자라는 사실을 인정한다.

"제 신경계에 전류를 주입할 때, 저희는 어떤 일이 일어날지 전혀 몰랐습니다. 그저 엄청나게 흥분했을 뿐이었죠. 어렸을 때 저는 남극으로 가고 있는 스코트, 사람들이 달에 가게 될 것이라 말하고 있는 존 F. 케네디와 같은 장면들에 흥분했고, 제게는 아직도 그런 면이 있습니다. 세상에는 알려지지 않은 것들이 너무도 많습니다. 그리고 과학은 잠재적으로 엄청난 흥분을 일으킬 수 있는 학문입니다. 어떻게 어떤 과학자들은 한 종류의 단조로운 일상에 만족하는지 저는 정말 이해할 수 없어요. 그들도 아침에 일어날 때 정말로 흥분이 될까요? 저에게는 저 자신에게 도전하는 목표가 있습니다. 어느 날 아침 연구를 어서 빨리 계속하고 싶은 마음에 몸이 근질거려서 사무실까지 계단을 뛰어올라가지 않는다면, 그날이 바로 그만둘 때겠죠. 그리고 매일 아침 저는 계단을 뛰어오릅니다!"

인공두뇌학 연구에 대한 워릭의 뚜렷한 열정은 흥미로운 윤리적 질문을 던지고 있다. 워릭의 책, 『나는 왜 사이보그가 되었는가』에서 워릭은 사이보그의 길을 따르지 않기로 선택하는 인간은 일종의 하위 종이 될 것이라고 추측한다. 이런 미래의 전망이 바로 워릭이 진행하는 종류의 연구를 조심스럽게 진행해야 하는 한 이유가 될 수 있지 않을까? 결정적인 이유까지는 아닐지라도 말이다. 어쩌면 계단을 그렇게까지 빨리 뛰어오르지는 말아야 하지 않을까?

"문제는 사람들에게 선택할 수 있는 여지를 주어야 한다는 것입니다"라고 워릭이 대답한다. "사람들이 있는 그대로 머물기를 원한다면, 그것도 괜찮습니다. 하지만 전 그러고 싶지 않습니다. 일부 사람들이 제가 하는 종류의 연구를 멈추고 싶어 할 수 있다는 건 이해합니다만, 저에게도 제가 선택하는 길을 갈 선택권은 주어져야 한다고 생각합니다."

"하지만 그래도 제가 이렇게 노골적으로 말하는 한 가지 동기는 논쟁을 불러일으키기 위해서입니다. 예를 들어, 작년에 저는 아이들이 혹시 유괴되었을 때를 대비해 자신의 아이들에게 위치 추적이 가능한 표지를 달 수 있을지 알고 싶어 하는 부모들을 많이 만났습니다. 저는 뭔가 만들어보겠노라고 했죠. 그런 다음 한 통신사에서 저를 찾아왔고, 저희는 그들에게 무슨 일을 하고 있는지 말해주었습니다. 그러자, 이식을 받게 될 11세 여자아이가 있다는 헤드라인 기사가 나왔습니다. 이는 논의할 문제들이 있으며, 윤리적인 쟁점들이 도마에 오를 수 있다는 것을 뜻했습니다. 온갖 아동단체들의 반응은 매우 부정적이었죠. 그들은 좋은 생각이 아니며, 아이들에게 어떤 이익도 되지 않을 것이고, 선택권이 없는 아이들에게는 폭력이 된다는 등등의 말들을 했습니다. 저는 이 논란의 한가운데에 있으면서, 그들의 염려에 공감했습니다. 저는 대중들에게 숨김없이 나아가고 싶었으며, 윤리적 논쟁이 바깥에서 공개적으로 이루어지기를 원했습니다. 저는 그들의 말에 귀를 기울였고, 더 이상 이 일을 진행하지 않기로 결심했지요. 이런 예들에서 드러나듯이 세상에서는 윤리적 논쟁을 할 필요도 있습니다."

2000년도에 BBC의 〈한 주의 시작Start the Week〉이라는 라디오 프로그램에서 제레미 팩스만Jeremy Paxman은 워릭에게 '당신은 몽상적 천재 아니면 명성에 미친 미치광이인데, 나는 어느 쪽인지 잘 모르겠다'라고 말한 적이 있다. 21세기가 다 끝날 때까지도 우리는 이 질문의 답을 알지 못할 것 같다. 그러나 워릭은 분명 앞으로도 대부분의 사람들이 생각도 못할 문제에 관심을 가지고 연구할 것이다. 워릭에게 사이보그 연구에서 남은 목표가 무엇일까?

"저는 제 뇌를 컴퓨터에 연결하고 싶습니다. 아마 10년에서 12년 사이에 그런 일이 가능하지 않을까 생각합니다. 그 지점에 도달할 때까지 저는 은퇴하지 않을 겁니다. 현재 우리는 모종의 포트를 운동뉴런 영역에 집어넣는 것을 보고 있습니다. 그리고 우리는 어떤 종류의 이식물을, 얼마나 많이, 뇌 안의 어디로 보내야 하는지 등등을 결정하면서, 서서히 그 일에 접근해가고 있습니다. 그것이 저의 장기적인 목표입니다."

6. 정신의학과 정신분열증

• 로빈 머레이와의 인터뷰

로빈 머레이Robin Murray

정신의학연구소 심리의학과의 정신의학 교수 겸 분과장. 스코틀랜드 글래스고 대학 의대를 졸업하고, 1972년 같은 대학 내과에서 전문의 수련을 받았다. 런던에 있는 모즐리 병원에서 수련한 이래로, 미국 국립정신건강연구소NIMH에서 의학연구위원회MRC 특별연구원으로 있었던 일 년을 제외하고는 계속 모즐리 병원에 머물러왔다. 1994년과 1996년 사이에는 유럽 정신의학협회장을 역임했다.

WHAT SCIENTISTS THINK

영국 정신의학연구소 정신의학과 과장이자 교수인 로빈 머레이가 처음으로 정신과의사가 되고 싶다고 마음을 먹었을 때는 아직 십대였다. 하지만 그의 결정은 환영받지 못했으며 맹목적이고 부적격한 열의로 취급받았다.

"학교에 있을 때를 기억합니다"라고 그가 말한다. "사감 선생님 부부가 우리에게 무엇이 되고 싶은지 묻자, 아이들은 제각기 변호사, 사업가, 치과의사 등이 되고 싶다고 말했고, 모두들 커다란 격려와 함께 환영을 받았지요. 그런 다음 제가 정신과의사가 되고 싶다고 말하자, 사감 선생님은 아무 반응이 없으셨지만 사모님이 말씀하셨습니다. '하지만 로빈, 너희 부모님들은 지극히 정상적인 분들이시잖니.' 저는 그분의 반응이 그 직업에 찍힌 낙인을 나타내는 것이었으리라고 짐작합니다. 사람들은 정신병이 있는 사람만 두려운 것이 아니라, 그들을 치료하는 데 참여하는 사람도 두려워하는 것이죠."

그 낙인은 오늘날에도 남아 있다. 머레이가 지적했듯이, 부분적으로 그런 편견은 사람들이 정신병과 정신병자에 대해 지니고 있는 공포와 관련이 있다. 하지만 동시에 정신의학은 대상을 완전히 통제할 수 없는 분야라는 인식의 작용이기도 하다. 이 인식을 부추기는 것은 치료 도중의 환자들이 폭력 행위를 저지르면 담당 정신과의사의 능력이 모자랐을 것이라고 외치는 타블로이드 판 머리기사들이다. 그리고 정신의학이 가짜 정신이상 발명 사업을 하고 있다는 의심도 거기에 기름을 붓는다. 예컨대 정신과의사, 특히 미국의 정신과의사들이 널리 이용하는『정신장애진단통계편람(DSM-IV)』에 실린 400종에 가까운 정신병에는 적대적 반항장애와 꾀병이 들어 있다. 어린 시절에 나타나는 적대적 반항장애의 대표적인 특징은 화를 참지 못하고 어른들과 말다툼하는 것이고, 꾀병에는 의도적으로 거짓되거나 혹은 과장된 신체적 문제나 심리적 문제를 일으키는 것이 포함되어 있다.

증상들의 패턴을 질병의 범주로 분류하는 관행은 19세기 말에 독일 정신의학자인 에밀 크레펠린Emil Kraepelin이 시작했다. 그렇다면 지난 100년에 걸쳐서 어떻게 400종에 가까운 별개의 장애가 존재하는 상황까지 발전했을까?

"저는 그것이 발전인지 잘 모르겠습니다. 상황이 변한 것은 분명합니다. 유럽의 정신의학은 크레펠린의 모형에 상당히 가깝게 머물러 있었습니다. 그러나 미국에서는 그 분류표가 확대되었죠. 대부분 정신분석가들의 영향 때문이었습니다. 20세기 초, 정신의학의 중심은 독일이었습니다. 하지만 나치즘이 부상하면서 많은 진보적 유대인 정신의학자들이 독일을 떠났죠. 과학의 영향을 가장 많이 받은 사람들은 주로 영국으로 갔지만, 프로이트와 정신분석의 영향을 받은 사람들은 미국으로 갔고, 거기서 많은 돈을 벌었습니다. 그들이 돈을 번 방법들 가운데 하나는 정신병의 경계를 넓히는 방법이었죠. 1960년대 미국에서는 영국에서보다 세 배나 많은 사람들이 정신분열증이라는 진단을 받고 있었습니다. 그러나 정신병을 좀더 정확히 정의하게 되면서 이제는 진단율이 국제적으로 비슷해졌으므로, 다행히도 그러한 불균형은 이제 과거사가 되었습니다."

정신분열증 진단율에서 그토록 큰 차이가 있었다는 사실은 DSM과 같은 분류 도식의 질병 범주를 두고 사람들이 하는 비판들 가운데 하나, 즉 그런 범주들이 철저히 문화적으로 정해진다는 비판을 뒷받침한다. 정신병이 최소한 부분적으로는 사회적 구조물이라는 이 비판에 일리가 있는가?

"그렇습니다, 타당한 비판입니다"라고 머레이는 대답한다. "하지만 DSM이 어째서 생겼는지를 이해하는 것이 중요합니다. 그 목록이 만들어진 이유는 미국의 정신병 개념이 매우 광범위했던 반면에 범주가 분명하게 정의되어 있지 않았기 때문입니다. 예를 들어, 맨해튼 표본조사는 인구의 약 90퍼센트에게 정신병이 있다고 주장한 적이 있었습니다. 급기야 1960년대와 1970년대에는 반정신의학자들이 '보라, 정신의학자들은 이 병들을 정의할 수 없다', 그리고 '미친 것은 환자들이 아니라 사회이다'라고 말하는 사태가 벌어졌지요. 이에 대한 반응으로 사람들은 구체적인 병의 범주가 있는 크레펠린의 관점으로 돌아가, 이 병들에 대해 더 믿을 만한 진단을 내릴 것을 크게 강조했습니다. DSM의 개발은 정신분석을 떠나 의학을 향해 가는 이 움직임의 일부였습니다."

"그러므로 과학자들이 진보된 연구를 기초로 DSM 범주를 개발했다고 생각할 수 있겠고, 이는 부분적으로는 사실입니다. 하지만 담배연기 자욱한 밀실에서 권력자들이 주거니 받거니 거래를 해가며 짜 맞춘 것이기도 했습니다. '네가 나의 우울증 기준을 지지한다면, 나는 너의 거식증 기준을 지지하겠다', 뭐 이런 식으로 말이죠."

"보험 제도의 영향을 많이 받기도 했습니다. 미국에서는 일반적인 사회적 고민을 치료하는 비용은 배상받을 수 없었습니다. 예컨대 자긍심이 낮다는 것은 배상 가능한 조건이 아니죠. 하지만 가벼운 우울증으로 분류되면, 배상이 가능해지죠. 따라서 이 과정에는 정치적이고 경제적인 일면도 있었습니다."

그렇다면 이 장애들 가운데 다수는 기초 병리도 없다는 뜻이거나, 여러 증상들을 분석해도 장애들을 서로 구별할 수 없을 것이라는 뜻인가?

"그렇죠. DSM에 속한 일부 범주의 경우는 그렇다고 생각합니다. 그 분류 체계는 여러 차원과 정치적 명령으로 이루어진, 실체들의 혼합물입니다. 미국에서 보험회사가 미치는 영향력 말고도 우리는 이제 제약회사로부터 많은 압력을 받습니다. 이 회사들은 자신들의 시장을 넓히기 위해, 장애로 간주되는 대상을 확대하고 싶어 하지요. 그리고 정신장애는 경계가 제대로 정의되지 않기 때문에, 제약회사가 새로운 장애를 발명하기에는 더없이 훌륭한 놀이터이죠. 그래서 정신의학자들은 가끔 조금 있으면 휴가후 불쾌장애라는 것도 생기고 그 치료약도 나올 것이라고 농담을 합니다."

DSM이 정신의학계의 창공에 별처럼 많은 새로운 하위 장애들을 띄웠음에도, 머레이는 더 훌륭한 증거들이 장애 분류에 접근하는 합리적인 방법을 더 많이 제공할 것이라고 낙관한다. 그는 건강과 장애에서 뇌가 맡는 기능을 알려주는 새로운 지식이 신경과학, 유전학, 뇌 영상으로부터 임상으로 쏟아져 들어오고 있다고 지적한다. 그리고 그는 마음의 연구라는 도전이 이제 최고의 젊은 연구자들을 끌어들이고 있다고 믿으며, 자신의 영역인 정신분열증, 크레펠린의 공식 표기대로 말하자면 조발성 치매를 포함하는 많은 영역에서 이루어진 발전들을 인용한다.

정신분열증은 아마도 정신병들 가운데 가장 유명하고 가장 악명 높은 병일 것이다. 나는 임상의는 정신분열증 진단을 어떻게 시작하는지, 어떤 종류의 증상들을 찾아보는지 물어보았다.

"전형적인 증상은 환각, 특히 청각적 환각입니다. 즉, 아무도 없는데 목소리가 들리는 것이죠. 이 증상은 처음에는 단순하게 누군가가 이름을 부르고 있는 것 같은 환청으로 출발하곤 하지만, 병이 심할수록 목소리가 점점 자세해져서, 끝에 가서는 흔히 환자에게 말을 걸고 이야기하는 목소리들로 바뀝니다. 한 목소리가 '너는 쓸모없는 놈이야, 자살해야 해'라고 말하는 한편, 다른 목소리는 '그건 네 잘못이 아니야, 그들이 너를 곤경에 빠뜨리려 하는 거야'라고 말하고 있을 수도 있지요. 어떤 목소리가 들리면 그 사람은 분명 생각에 잠기겠죠. '원인이 뭐지?' 혹은 '어디서 나는 소리지?' 하고요. 그리고 분명한 해답이 없기 때문에 환자는 망상적인 설명을 꾸며내기 시작합니다. 정신분열증의 시작은 흔히 단순한 환청이지만, 그 다음에는 그 환각을 설명하기 위한 망상, 예컨대 CIA 탓이라는 식의 망상이 출현합니다."

대부분의 사람들이 정신병자들은 흔히 아무도 말하는 사람이 없는데 목소리를 듣게 된다는 사실은 알고 있다. 하지만 이 목소리 자체가 '머릿속'에 있는 것이 아니라, 외부 세계로부터 오는 것처럼 들린다는 사실은 잘 알려져 있지 않다.

"급성으로 발병했을 때 사람들은 이 목소리를 종소리처럼, 마치 누군가가 자신에게 이야기를 하고 있는 것처럼 또렷하게 듣습니다"라고 머레이는 설명한다. "실제로 보통 그 목소리는 마치 확성기를 통해 자신에게 들리는 것 같습니다. 회복하기 시작하면서 사람들은 그 목소리가 그렇게 크지는 않다거나 더 멀어진 것 같다고 말하고, 더 호전되면 목소리가 머릿속에 있는 것 같다고, 밖에서 오는 것 같지 않다고 말하게 됩니다. 그런 다음 정말로 좋아지고 있을 때에는 가끔 그것이 목소리인지 생각인지 모를 때가 있다고 말합니다. 목소리를 다시 자신의 생각으로 통합하기 시작하는 것이지요."

"목소리는 내적인 말을 오해한 결과입니다. 정신분열증이 아닌 사람은 좋아하는 시를 생각하며 마음속으로 조용히 읊을 때, 그 시의 구절들이 자신에게서 나온다는 사실을 압니다. 하지만 정신분열증인 사람은 자신의 마음속에서 말을 하지만, 외부에서 오고 있다고 잘못 판단하죠."

이와 관련해서 머레이는 영국 심리학자 크리스 프리스Chris Frith의 연구를 언급한다. 그는 내적 언어를 오해하는 경향이 있는 사람들이 자신이 밖으로 하는 말을 인식하는 데에도 문제가 있을지에 관심이 있었다. 프리스는 피실험자가 마이크에 대고 말을 하도록 한 다음, 그들의 목소리를 변조해서 다시 들려주었다. 어떻게 된 것이냐고 묻자, 정신병이 없는 사람들은 자신의 목소리가 변조된 것임을 알았다. 그러나 환각을 앓던 사람들은 목소리가 바뀌자마자 무언가 이상한 일이 일어나고 있다고 생각하기 시작했다.

이런 연구는 정신분열증 환자가 겪는 수수께끼 같은 경험에서 망상의 역할을 조명하기 때문에 흥미롭다. 머레이는 설명한다. "프리스는 자신의 변조된 목소리를 자기 형이 말하는 소리라고 대답한 어느 환자의 예를 들지요. 그는 말하는 사람이 형이라는 사실을 그가 알기를 원치 않아서 형이 목소리를 가장하는 것이라고 말했습니다. 그래서 프리스는 이 환자에게 그가 마이크에 대고 말을 하고 있었고, 특수효과 상자가 그의 목소리를 변조해서 다시 들려주고 있는 것이라고 설명했지요. 프리스는 환자에게, 어떻게 된 것인지 이해했느냐고 물었습니다. '네, 박사님,'이라며 그가 대답을 이었죠. '모두 이해가 갑니다. 제가 여기서 말을 하고, 제 목소리를 상자가 변조하고, 그리고 저는 변조된 제 목소리를 들은 거군요. 다른 누군가나 저의 형이 말하는 소리가 아니고요. 한 가지는 이해가 가지 않습니다. 그런데 그 상자가 제 형 목소리를 어떻게 아는 거죠?"

"그러니까 사람들이 이상한 경험을 하고 그 의미를 찾으면, 자신의 믿음 체계를 바탕으로 망상이 일어나서 그 경험을 설명하고, 그런 설명이 이상한 경험에 대한 불안감을 줄이는 것입니다."

이 과정에서 흥미로운 점 한 가지는 사람들이 이런 환각을 경험할 때 명백해 보이는 결론, 즉 자신이 모종의 정신병에 걸렸다는 결론에는 도달하지 않는다는 사실이다. 필경 대부분의 사람들이 목소리가 들리는 증상은 정신병과 연관된다는 사실을 알 것이다. 그런데도 그들이 이 지식을 이용하지 못한다는 점은 좀 이상하지 않은가?

"그 말을 들으니 심리학과를 다니던 도중에 환각을 경험하기 시작한 한 친구가 생각나는군요" 하고 머레이가 대답한다. "그는 자신에게 말을 건네는 목소리를 들었습니다. 그는 다른 사람들이 자신을 해치려 한다고 생각했지요. 치료를 받고 회복되었을 때 그는 말했습니다. 자기는 심리학도인데도, 정신분열증의 증상에 관해 전부 알고 있었는데도, 그 일이 자신에게 일어났을 때에는 어처구니없게도 자신이 정신분열증에 걸렸을지도 모른다는 생각은 전혀 떠오르지 않았다고 말이죠. 그는 사람들이 자기를 곤경에 빠뜨리려 하는 줄 알았습니다. 그는 그 목소리들이 진짜인 줄로만 알았습니다. 아마도 이런 사실은 그 경험에 환자들이 진정으로 저항하기 어려운 특성과 강력함이 있다는 점을 말해주는 것이겠죠. 하지만 우리는 이제 뇌 영상으로부터 환자가 환각을 겪을 때는 뇌에서 내적 언어를 내는 브로카 영역뿐만 아니라 일반적으로 외부의 언어 처리와 관련되는 측두엽의 청각피질 역시 활성화된다는 사실을 알게 되었습니다. 환자가 깜빡 속아서 그 말들이 외부 출처로부터 온다고 믿게 되는 까닭은 우리가 외부의 언어를 들을 때 사용하는 것과 똑같은 신경계가 그 말들을 처리하고 있기 때문이지요."

현재 정신분열증에서 지배적인 관점은 환청과 같은 그 증상이 뇌의 기능장애에서 생긴다는 것이다. 도파민 가설은 이 문제에 관여하는 것이 특히 뇌의 중간변연계에서 일어나는 과도한 도파민 전달 때문이라는 가설을 제시한다. 이 가설을 뒷받침하는 많은 증거들이 있다. 예를 들어 모든 정신병 치료제들은 도파민을 차단함으로써 효과를 발휘하고, 도파민을 증가시키는 모든 약물은 정신이상을 일으킬 수 있다. 나아가 뇌 영상에 따르면, 사람들에게 암페타민*을 주면 정신분열증이 아닌 사람은 도파민을 소량밖에 만들어내지 않는 반면, 정신분열증인 사람은 도파민을 홍수처럼 분출한다. 홍수가 클수록 그 사람은 정신이상이 심한 것이다.

그러나 정신분열증이 특정한 종류의 뇌 기능장애와 결합된다는 사실은 그 병의 근원에 관해서는 우리에게 거의 아무것도 말해주지 않는다. 예를 들어, 정신분열증이 퇴행장애인가 발달장애인가 하는 질문에 답을 주지 않기는 마찬가지이다. 머레이에게 그의 관점은 어떠냐고 물어보았다.

"전통적인 관점은, 정신분열증은 퇴행장애라는 것이었습니다. 정상적인 뇌를 지니고 출발한 환자가 십대나 이십대에 뇌에 어떤

* 도파민을 증가시키는 약물.

일이 일어나서 점차 퇴행한다는 것이었죠. 뇌 스캔 시대가 처음 시작되었을 때는, 정신분열증인 사람의 뇌와 정신분열증이 아닌 사람의 뇌 사이의 차이는 감지하기 힘들 만큼 작았습니다. 그래서 그 병을 퇴행성이라고 가정하였죠."

"그러나 1980년대 중반, 저와 제 동료들이 유럽에서, 그리고 대니얼 와인버거Daniel Weinberger가 미국에서, 이 차이는 퇴행성의 신호가 아니라 발달성 문제의 표시라고 생각하기 시작했습니다. 정신분열증 환자들의 뇌는 어딘가 미묘하게 정상에서 벗어난 방식으로 발달되어 있었습니다. 여러 면에서 배선이 불완전하게 발달했고, 그래서 그들이 환각과 망상에 더 취약했던 것이지요. 그리고 실제로 1980년대 중반부터 오늘날까지는 발달성 문제라는 것이 지배적인 관점이 되었습니다."

"그러나 흔히 그렇듯이, 세상은 과도하게 반응했습니다. 저는 결코 정신분열증이 발달장애일 뿐이라고 말한 적은 없으며, 최소한 그렇게 말하지 않았길 바랍니다. 저는 그 병에 발달적 요소가 있다고 생각합니다. 정신분열증을 연구하면서 흥분되는 사실들 가운데 하나는 정신분열증이 신경과학과 사회과학의 교차로에 있다는 점이지요. 그래서 어떤 사람들은 정신분열증을 단순히 하나의 뇌 질환이라고 믿지만, 저는 정신분열증이 있는 많은 사람들에게 발달적인 어려움이 있으며, 그 때문에 그들이 삶에서 마주치는 사건들을 극복할 능력이 떨어지는 것이라고 생각합니다."

그렇다면 이런 관점이 도파민 가설과는 어떻게 조화를 이루는가? 두 관점이 여기서 충돌하지는 않는 듯하다.

"그렇습니다, 충돌은 없습니다" 하고 머레이는 고개를 끄덕인다. "발달 관점은 환자가 정상보다 불안정한 도파민 체계를 물려받았거나, 발달 도중에 그의 뇌에 다른 일들이 일어나서 그 사건이 도파민 체계를 더 불안정하게 만든다는 관점이라고 할 수 있습니다. 예를 들어, 우리는 출생시 체중이 적은 사람, 혹은 태내에 있을 때나 출생시에 저산소 손상을 입은 사람들이 비교적 정신병에 걸리기 쉽다는 사실을 알지요. 임신 후반기에는 아기의 피질이 발달하면서 전 계열의 복잡한 신경 패턴이 갖추어집니다. 이때 어떤 손상이 일어나면 피질의 발달이 저해될 수 있으며, 그 결과 신경계가 몹시 불완전해질 겁니다. 그리고 결과적으로 뇌가 스트레스 상황을 다루는 데 몹시 서툴게 되겠죠. 따라서 도파민 가설과 발달 가설 사이에는 어떤 충돌도 없습니다. 발달 가설은 유전적 이유나 초기의 환경적 손상으로 신경계가 이상하게 발달되어서, 도파민 체계에 가해지는 스트레스가 그 사람에게서는 훨씬 더 큰 재난이 되기 쉽다는 이론입니다."

머레이는 여기서 정신분열증 발달에 유전적 요인이 관련된다고 언급한다. 이를 뒷받침하는 증거는 확립된 지 오래다. 예를 들어, 정신분열증의 유전적 요소를 보여주는 최초의 쌍둥이 연구는 완료된 지가 70년도 더 지났다. 하지만 지난 20년 동안 분자유전학에서 이룩한 발전은 어떘는가? 그 결과로 유전적 위험인자를 훨씬 더 잘 이해하게 되었나?

"아주 최근까지도 정신분열증의 분자유전학은 끔찍하게 실패한 영역이었다고 말해야 마땅할 겁니다"라며 머레이가 웃으며 대답한다. "저는 인간이 노력한 영역 가운데, 외계 우주선을 찾는 일을 제외하고, 정신분열증의 분자생물학보다 양성 오류* 결과가 많이 나온 영역은 없다고 말하곤 했습니다. 어떤 연구팀이 정신분열증 유전자를 발견했다고 주장하면, 그때마다 다른 팀이 금세 그것을 반박했지요."

"그러나 어떤 면에서는 그런 오류들도 쓸모가 있었습니다. 20년 전에는 많은 전문가들이 정신분열증의 원인이 되는 하나의 굉장한 유전자가 있을 것이라고, 즉 누군가 정신분열증 원인유전자를 물려받으면 거의 틀림없이 그 병에 걸릴 것이라고 생각했지요. 이는 '자궁에서부터 정해진 운명'이라는 가설입니다. 하지만 우리는 이제 사람들에게 이런 선고를 내리는 유전자는 없다는 사실을 알고 있습니다. 대신 심장동맥질환이나 당뇨병처럼 정신분열증에는 서로 상호작용하며 환경적 영향과도 상호작용하는 수많은 감수성 유전자가 있을 가능성이 높습니다."

"그리고 지난 2년 동안 극적인 발전이 있었습니다. 예컨대 정신분열증의 위험을 높이는 것으로 보이는 두 유전자가 확인되었습니다. 한 아이슬란드 연구팀이 8번 염색체에서 뉴레귤린neuregulin이라는 유전자를 보고한 이래 지금까지 우리를 포함한 다른 네 팀이 이

* 실제로는 음성(정상)인데 양성(비정상)으로 검사 결과가 나오는 오류.

유전자를 복제했습니다. 그리고 한 미국 연구팀은 6번 염색체에서 디스빈딘dysbindin이라는 유전자를 발견했다고 주장했으며, 이 유전자는 지금까지 다른 세 팀이 복제했습니다. 하지만 이 유전자들의 효과는 미미합니다. 이 유전자들 가운데 하나를 지니고 있으면 정신분열증 발병 확률이 두 배가 될 것이지만 반드시 정신분열증에 걸리지는 않습니다. 그렇지만 다른 감수성 유전자들에 더해서 이 유전자들을 지니고 있고, 많은 환경적 영향을 받으면 그 병이 생길 수도 있습니다."

하지만 쌍둥이 연구는 다소 큰 유전적 영향을 암시하지 않는가?

"일란성 쌍둥이의 한쪽이 정신분열증이라면, 다른 한 쌍둥이도 약 50퍼센트는 정신분열증일 겁니다"라고 머레이가 인정한다. "게다가 정신분열증에 걸리지 않은 다른 편 쌍둥이들의 상당수도 정신병에서 완전히 자유롭지 않을 겁니다. 그러므로 유전적 요소가 크다는 것은 틀림없습니다. 하지만 이는 심혈관 질환과 비슷한 면이 있습니다. 일란성 쌍둥이 중 한 사람이 심장마비에 걸렸다면, 다른 편 쌍둥이의 약 40퍼센트에게도 심장병이 발병할 겁니다. 하지만 이것이 심장병 발병은 흡연, 비만, 운동부족, 고혈압 등과 무관하다는 말은 아니죠. 정신분열증도 마찬가지입니다. 일란성 쌍둥이는 똑같은 유전자를 물려받습니다. 그래서 똑같이 취약하기는 하지만, 환경적 인자들 역시 중요합니다."

머레이는 정신분열증을 이해할 때 사회적 인자가 중요하다는 점을 열심히 강조한다. 그는 자신과 동료들이 아프리카계 카리브인 환자들을 대상으로 수행하고 있는 연구가 이 인자들이 서로 연관되는 몇 가지 흥미로운 방식을 어떻게 밝히고 있는지 자세히 이야기한다.

"저희는 영국에서 아프리카계 카리브인들이 정신분열증 진단을 받을 확률이 백인 인구보다 여섯 배쯤 높다는 사실을 알고 있습니다. 문제는 왜 그런가 하는 점이죠. 유전 때문일까요? 차별 때문일까요? 맨 처음 저희가 고려한 것은 오진일지도 모른다는 점이었습니다. 어쩌면 백인 정신과의사들이 흑인 환자들의 문화적 기준에 익숙하지 않아서, 카리브 사회에서 자란 사람들에게 있는 주술에 대한 믿음을 망상으로 오해할지도 모르죠. 그러나 우리는 아프리카계 카리브인 혈통이지만 버밍엄이나 브릭스턴에서 태어난 사람들에게서도 발병률이 똑같이 높다는 사실을 발견했습니다. 그들 역시 정신병에 걸릴 가능성이 여섯 배 더 높았습니다. 그리고 자메이카인 정신과의사가 우리 환자들을 다시 진단했을 때에도 대략 같은 비율의 사람들에게 정신분열증이 있다는 결과가 나왔으므로 단순한 정신과적 편견의 문제가 아닙니다."

"다음으로 저희는 서인도 제도에서는 정신분열증 발병률이 어떨지 궁금했습니다. 그래서 동료들이 자메이카, 트리니다드, 바베이도스 섬들에서 연구를 해서 그곳에서의 발병률은 그냥 평균 수준이라는 사실을 알아냈죠. 영국에 살고 있는 아프리카계 카리브인들에게서 정신분열증이 발병할 확률은 영국의 백인 인구보다 여섯 배 높을 뿐만 아니라, 서인도 제도의 흑인 인구보다 여섯 배 높기도 한 겁니다."

"다음으로 이 사람들의 가족을 살펴봐야겠다고 생각했습니다. 정신분열증이 있는 백인들의 부모를 살펴보니 역시 5퍼센트 정도가 정신분열증이라는 사실을 알 수 있었죠. 우리가 정신분열증이 있는 아프리카계 카리브인들의 부모를 살펴보았을 때에도 결과는 같았으므로, 아프리카계 카리브인들에게만 유달리 더 큰 유전적 소인이 있는 것은 아닌 듯했습니다. 하지만 정신분열증이 있는 아프리카계 카리브인들의 형제자매를 살펴보자 영국에 살고 있는 형제자매의 26퍼센트 정도에게 병이 있는 데 비해, 자메이카에 살고 있는 형제자매들은 6퍼센트 정도에게만 병이 있었습니다."

"그러므로 이 사람들은 어느 정도 유전적으로 정신분열증에 취약한 부분이 있지만, 영국에 있을 경우보다 계속해서 서인도 제도에 머물 때 정신분열증에 훨씬 덜 걸릴 겁니다. 이것은 환경이 정신분열증의 위험을 높이는 어떤 요인이라는 사실을 말해줍니다. 저희는 그들이 정신이상이 되는 시점에 삶에서 많은 역경을 겪는다는 사실을 발견했습니다. 여기에 중요한 점이 있습니다. 이 사람들은 백인 인구 속에서 우리가 정신분열증이라 부르는 증상들을 보이지만, 그 증상들이 똑같다고 해서 반드시 똑같은 생물학적 원인 때문이라는 뜻은 아닙니다. 복합적인 여러 이유로 정신분열증을 얻을 수도 있습니다."

머레이는 여기서 증상, 원인, 병 관계의 복잡성 가운데 일부를 암시하고 있다. 실제로 이런 복잡성 때문에 어떤 사람들은 정신분열증이 단 하나의 임상적 실체로 구성된다는 생각이 유효하지 않다고 의문을 제기한다. 토마스 자즈Thomas Szsas와 같은 반정신의학자가 가장 두드러진 예이다. 1960년대와 1970년대에 그는 특히 정신분열증을 비롯한 일반 정신병들이 결코 존재하지 않는다는 의견을 제시했다. 반정신의학자들의 주장을 간략히 말하자면, 우리가 사람들에게 정신분열증과 같은 병에 걸렸다는 딱지를 붙이는 이유는 사회적으로 용인할 수 없는 것으로 여겨지는 행동을 '통제'하고 '중화'하기 위해서라는 것이었다. 여기에 아직도 논의의 여지가 있는가, 아니면 유전성 연구와 정신병 치료제의 효과 등에서 나오는 증거들이 압도적으로 정신병의 실재를 가리키는가?

"뭐, 먼저 저는 반정신의학이 더 이상은 분명한 하나의 세력으로 존재하지는 않는다고 생각합니다"라고 머레이는 대답한다. "반정신의학은 하나의 중요한 현상이었으며, 제 생각에는 과거에 이루어지고 있던 나쁜 정신의학에 대한 반응으로 나온 것입니다. 흥미롭게도 오늘날 정신분열증 개념을 가장 급진적으로 비판하는 사람들은 학계에서 가장 능력 있는 정신의학자들이기도 하죠. 사실 20년의 세월이 지났을 때에도 우리가 정신분열증이라는 포괄적인 용어를 제각기 다른 부분들로 분석해놓지 않은 상태라면, 저는 오히려 깜짝 놀랄 겁니다. 그러니까 지금은 반정신의학자들의 비판이 여러 방면에서 주류 관점 안으로 받아들여진 셈이라 할 수 있겠지요."

"또한 아직도 돌아다니고 있는 많은 반정신의학적 견해들 가운데 다수는 나쁜 정신의학의 생존자들에게서 나오고 있습니다. 저는 이런 현상이 전적으로 당연한 일이라 생각합니다. 우리의 정신의학 서비스가 너무 형편없기 때문이죠. 우리의 정신의학 서비스에는 너무도 재원이 부족해서, 런던에 있는 정신병환자 수용시설 대부분이 끔찍한 환경입니다. 혹시 당신이 쇠약해져서 약간의 평화와 고요를 찾고자 할 때라도 그곳은 절대로 가고 싶지 않은 장소일 겁니다. 그러니 사람들이 받는 보살핌의 질이 형편없다는 비판이 있는 것은 당연한 일이죠. 사회는 정신적으로 병든 사람들이 적합한 환경에서 충분히 치료를 받을 수 있도록 신경을 쓰지 않고 있습니다."

하지만 그럼에도 분명 증거를 위배하지 않는 반정신의학자들의 특정한 주장들이 있다. 예를 들어, 정신분열증 환자들이 뇌 이상을 보이는 이유는 그들이 강력한 정신병 치료제로 치료를 받아왔기 때문이라는 생각은 어떤가?

"이것도 역시 완전히 분명한 사실은 아닙니다"라고 머레이는 주의를 준다. "무엇보다도 정신분열증 환자들의 뇌에서 나타나는 차이들이 비정상인 것인지 단순히 개인 간의 차이인지 확실히 구분하기가 힘들죠. 어떤 사람의 뇌를 보고 그가 정신분열증인지 아닌지를 판단할 수는 없습니다. 물론 그래도 정신분열증 환자들의 뇌가 그렇지 않은 사람의 뇌와 통계적으로 다른 것은 사실입니다. 그렇지만 정신분열증이 시작되기 전에도 표준에서 벗어나는 차이들이 뇌에 나타나며, 사실 이 특징들의 일부는 정신분열증 환자의 친척들에게도 존재합니다. 이 특징들은 병을 일으킬 수 있는 위험인자들이지 반드시 병

자체의 일부인 것은 아닙니다. 콜레스테롤 수치가 높은 것이 심장병의 위험인자인 것과 마찬가지이죠."

"우리는 예전의 정신병 치료제들 일부가 뇌 변화와 관련이 있다는 사실도 알게 되었습니다. 그 약들 가운데 많은 것들이 운동 문제를 일으킬 수 있고, 이 문제들은 운동 조절에 관여하는 일정한 뇌 구조의 부피 증가와 관계가 있습니다. 예전의 몇몇 치료제들은 높은 수준으로 장기간에 걸쳐서 복용하면 뇌 변화를 유도할 수 있는 것이 사실입니다."

하지만 전체적으로 증거가 쌓여가는 방식을 보면 의료진이 전혀 개입하기 전에도 이 정신분열증 환자들에게 뇌 이상이 존재한다는 사실을 암시하지 않는가?

"하지만 그 그림은 복잡합니다. 한때는 모든 정신분열증은 사회적으로 결정되므로 정신병에 생물학적 기질이 있다는 생각은 우스꽝스럽다고 말하는 반정신의학자들이 있었습니다. 그리고 마찬가지로, 정신분열증 환자들의 뇌 안에서 커다란 공동을 발견할 수 있으니 퇴행성 뇌 질환이 틀림없다고 말하는 생물학을 어설프게 아는 정신의학자들도 있었죠. 30년이 지나면서 우리는 이제 이 관점들이 둘 다 부적절하다는 사실을 알게 되었습니다. 두 입장 모두에 얼마간의 진실은 있지만 말이죠."

머레이는 반정신의학이 정신분열증을 과도하게 생물학적으로 해석하는 것에 대한 중요한 교정책이었다고 생각하지만, 그렇다고 반정신의학자들의 더 과격한 주장들에 공감을 느끼지는 않는다. 특히 그는 아이의 정신분열증은 부모에게 책임이 있다는 랭R. D. Laing의 관점은 심각한 해악을 끼친다고 생각한다.

"자기 아이가 정신병에 걸린 것도 딱한 일인데 거기다가 정신의학자나 사회복지사가 그 병에 책임이 있다고 죄까지 뒤집어씌우는 것은 끔찍한 일이었죠. 20년 전에는 자식의 병 때문이라기보다 그 병을 일으켰다는 비난 때문에 삶이 망가진 부모들을 많이 볼 수 있었습니다. 그래서 저는 반정신의학 운동이 그 이론을 뒷받침할 별다른 증거도 없이 엄청난 해악을 끼쳤다고 생각합니다. 하지만 그럼에도 그들의 주장에는 한 가닥 진실의 핵심이 들어 있었던 것이며 우리는 이제 그 비판을 어느 정도 주류 정신의학에 반영했습니다."

여기에는 병의 분류와 관련한 흥미로운 부분이 있다. 반정신의학은 많은 부모들에게 자식의 정신분열증을 제공한 원흉이라는 꼬리표를 달았다. 하지만 특히 미국에서 진단의 범주가 폭발하면서, 이제는 상황이 다른 식으로 돌아가는 것은 아닐까? 주의력결핍장애ADD를 예로 들면, 부모들은 자기 아이의 문제적인 행동이 가정교육의 결과로 보이는 것보다 아이에게 그런 질병이 있다는 진단을 받고 싶어 할 것이다.

"분명 그럴 겁니다"라고 머레이가 동의한다. "과잉행동과 ADD의 팽창은 사회와 부모, 그리고 제약회사가 원동력을 제공해왔습니다. 물론 일부 정신과의사들도 이를 이용해왔고, 개업의들의 경우에는 특히 그렇습니다. 보통의 미국 소아 정신과의사에게는 부모에게 당신 아이는 정상이니 집으로 돌아가서 아이를 키우는 사회적 환경을 바꿔보라고 말할 이유가 없습니다. 그저 자신이 그 병을 생물학적으로 해결해주겠다고 말하라는 엄청난 경제적 유혹이 있을 뿐이죠. 그래서 미국에서는 ADD 진단을 받는 일이 영국에서보다 훨씬 더 흔합니다. 그러나 영국에서도 그 진단이 흔해지고 있습니다. 그동안 유전자풀이 바뀐 것도 아닐 테고 성장하는 아이들의 뇌가 바뀐 것도 아닐 텐데 말이죠. 부모와 사회의 기대가 바뀐 겁니다."

정신분열증과 같은 병을 위한 치료법은 어떤가? 어떤 사람이 60년 전에 정신분열증이 있다는 진단을 받았다면, 그 치료법은 상당히 가혹했을 것이다. 환자들은 거의 피할 수 없이 당시에 '뱀 구덩이'로 불리던 정신병자 시설에 갇혔다. 하지만 이는 정신병 치료제가 등장하면서 바뀌지 않았나?

"그렇지요. 보호시설에서 안타까운 점은 그것들이 본래는 최선의 의도로 세워졌다는 사실입니다. 도덕적 요법을 지향하던 빅토리아 시대에는 사람들이 흔히 병을 얻는 도시 안쪽에서 빠져나가 시골에서 살면서 맑은 공기를 마시고 적당한 음식을 먹으면서 잘 보살핌을 받다가 정상 생활로 돌아와야 한다는 개념이 있었습니다. 문제는 일정 비율의 환자들은 회복되지 않는다는 점이었죠. 시설은 점점 더 많은 사람들로 채워졌고, 직원은 점점 더 일이 많아졌고, 결국 그 시설들은 단순한 억류 시설이 되었습니다. 그렇게 해서 제2차 세계대전 이전에는 이 시설들로 들어간 상당수의 사람들이 거기에 그대로 계속 머물게 되었죠."

"하지만 정신병 치료제가 발달하고, 지역사회보호community care와 같은 사회복지 제도가 등장하고, 합리적인 심리학적 치료의 시대가 오면서 상황은 많이 개선되었습니다. 이제는 많은 사람들이 놀랄 만큼 호전됩니다. 제 환자들 중에서도 전문직에 훌륭하게 종사하고 있는 사람들이 있습니다. 같이 일하는 동료들 누구도 그가 정신분열증 진단을 받았다는 사실을 모릅니다. 정기적으로 보살핌을 받고 위급한 때에 심리학적 도움을 받기만 하면 정말로 아무렇지도 않습니다."

정신병 치료제와 새로운 심리치료, 특히 인지요법의 등장이 정신병 환자들을 도운 것은 사실이지만, 대중들은 정신의학 치료의 운영방식에 관해 많은 걱정을 한다. 최소한 영국에서는 지역사회보호 프로그램, 곧 정신분열증과 같은 병들을 시설이 아닌 지역사회에서 관리하는 정책에 대한 걱정들을 볼 수 있다. 머레이에게 지역사회보호 프로그램을 어떻게 생각하는지, 그것이 성공적이었는지 물어보았다.

"1950년대 이후로 대부분의 서구 국가들이 병원 기반의 치료 체계에서 물러났습니다. 네덜란드와 같은 일부 국가들에서는 이 프로그램이 매우 잘 돌아갔고, 영국과 같은 국가들에서는 다소 엉망으로 돌아갔습니다. 대처 수상의 감세정책 당시 지역 정신의학 치료에 큰 압력이 가해진 것이 영국의 불운이었죠. 이론은 이랬습니다. 수용시설을 닫아서 절약한 돈을 지역 일자리와 지역 시설 개발에 넣겠다는 것이었죠. 그러나 불행히도 건강보험이 위기에 놓여 있었기 때문에 그 돈은 중환자실과 같은 곳을 지탱하는 데로 돌아갔습니다. 그러니 지역사회에서 사람들을 적절하게 돌볼 수 있도록 보장하는 일에 투여할 만큼 충분한 자원이 있을 리 없었죠. 그러자 매체의 부채질을 받아 사회 전반에서 반발이 일어났습니다. 사람들은 지역사회의 환자들을 몹시 의심하게 되었고, 정신과의사들은 환자들 중 누군가가 폭력적으로 행동했을 때 자기들이 책임을 지게 될까봐 점점 더 걱정하게 되었죠."

"이는 아주 난감한 일입니다. 정신과의사라면 대부분 자기 환자가 폭행 사건에 연루되었다는 이유 때문에 신문에 나온 적이 있는 친구나 동료가 한 명쯤은 있습니다. 훌륭한 정신과의사가 되어 30년 동안 훌륭히 진료를 한다 해도, 폭력적인 행동을 저지른 환자가 한 사람만 있어도 신문이 이를 보도하면 큰 곤경에 빠지게 됩니다. 우리는 현재 매우 어려운 상황에 처해 있습니다. 우리의 정부는 정신병자들을 점점 더 권위적으로 대하고 있으며, 느닷없이 전혀 새로운 정신의학적 진단, 곧 '위험스러울 정도로 심각한 인격장애dangerously severe personality disorder, DSPD'를 급조해내고 있습니다. 여기에 동력을 제공한 것은 매체와 정치가들입니다. '위험스러울 정도로 심각한 인격장애' 같은 상태 따윈 없지만 그런 상태를 다루기 위한 병동이 전국에 걸쳐서 세워지고 있습니다. 우리는 특정한 집단들이 폭행을 저지르기 쉽다는 것을 압니다. 하지만 그렇게 따지자면 한 건의 폭력 사건을 막기 위해서는 아홉 사람을 영원히 가두어야 할 테죠. 현

정부의 정책대로 간다면 정신의학 서비스는 결국 범죄 계통의 분과로 전락하게 될 겁니다. 현 시점에서 보자면 이들의 정책에도 유일하게 좋은 점이 있습니다. 그 정책이 정신과의사, 환자, 간병인 사이의 불화를 치유하는 데 엄청난 역할을 했다는 것이죠. 정신병자들을 돌보는 데 관련이 있는 사람이라면 거의 모두가 새로 제출되는 정신보건 법안을 혐오하니까 말이죠."

7. 바이러스의 위협

• 도로시 크로포드와의 인터뷰

도로시 크로포드Dorothy Crawford

에든버러 대학 의학미생물학과의 로버트 어빈 좌 교수. 주로 연구하는 관심분야는 어디에나 존재하는 사람유두종바이러스인, 최초 감염 뒤 평생 동안 몸 안에서 살아남는 엡스타인-바 바이러스Ebstein–Barr virus, EBV이다. 『보이지 않는 적: 바이러스의 박물학*The Invisible Enemy: A Natural History of Viruses*』이란 책을 썼다.

1980년대 중반에 미생물학은 에이즈라는 전염병의 등장과 함께 신문에서 거창하게 다루어졌다. 그 이후로 미생물이 일으키는 질병은 뉴스에서 벗어난 적이 거의 없었다. 살모넬라균으로 인한 식중독, 레지오넬라균으로 인한 재향군인병, 에볼라 바이러스로 인한 출혈열, 괴사성 근막염, 탄저, 천연두, 구제역, 웨스트나일 바이러스로 인한 인간 뇌염, 메티실린내성 황색포도알균MRSA으로 인한 감염, 중증급성호흡증후군SARS 모두 지난 20년 동안 신문이 머리기사로 다룬 이야깃거리들이었다. 그러나 이러한 보도에도 불구하고, 일반 대중들은 아직도 이 병들을 일으키는 미생물의 본질에 대해 많이 혼란스러워한다. 특히, 많은 사람들은 바이러스와 박테리아가 전혀 다른 것이라는 사실조차 모른다.

"저는 그런 점을 즐겨 말하고는 합니다"라고 에든버러 대학 의학미생물과의 로버트 어빈 좌 교수인 도로시 크로포드가 말한다. "매체가 모든 고약한 병에 툭하면 바이러스라고 이름 붙이는 습관은 정말 성가신 일이죠. 바이러스는 박테리아와는 전혀 다른 겁니다. 사실, 병을 일으킨다는 사실만 빼면 그 둘의 유일한 공통점은 아주 작다는 것뿐이죠. 게다가 이 점에서도, 사실은 바이러스가 박테리아보다 훨씬 작지요. 예를 들어, 바이러스는 전자현미경이 없으면 볼 수 없는 반면, 박테리아는 평범한 광학현미경으로도 볼 수 있거든요. 실제로 전자현미경이 발명되기 전까지, 사람들은 바이러스에 대해 분명히 아는 것이 하나도 없었습니다. 사람들은 바이러스가 아마도 그냥 아주 작은 박테리아일 것이라고 생각했지만 사실은 전혀 다른 존재입니다."

"박테리아는 단세포 유기체로, 다른 유기체와 독립해서 존재할 수 있죠. 박테리아는 스스로 대사하고 번식할 수 있습니다. 반면 바이러스는 절대기생체로, 숙주 유기체 안에서만 번식할 수 있습니다. 바이러스는 살아 있는 세포 안으로 들어갈 때까지는 아무것도 하지 못합니다. 바이러스는 일단 안쪽에 도달하면 세포의 모든 것을 접수해서 그 세포의 소기관들을 사용해 자신을 복제할 수 있습니다. 바이러스에는 핵산—DNA나 RNA—이 있고 따라서 유전적인 특징들이 존재하지만, 그 외에는 사실 별다른 것이 없습니다."

바이러스가 스스로 에너지를 생산하지 않으며 살아 있는 숙주의 세포에 기생하지 않고는 번식할 수 없다면 바이러스는 살아 있는 것인가 아닌가? 이에 관한 크로포드의 견해는 무엇인가?

"저도 제 학생들에게 가끔 그런 질문을 하고는 합니다"라고 그녀가 대답한다. "이 문제는 좋은 논쟁거리이기는 하지만, 얼마나 중요한지는 잘 모르겠습니다. 결국 생명을 어떻게 정의하느냐에 달려 있습니다. 생명을 번식과 관련된 것이라 본다면 바이러스는 살아 있지만, 대사 능력에 관해서 본다면 그렇지 않겠죠. 굳이 결론을 내려야 한다면 저는 바이러스는 살아 있지 않다는 편에 서겠습니다. 단순히 살아 있는 것 같은 특징이 없어 보이거든요."

그래서 바이러스가 단지 몇 벌의 유전적 지시사항이라면, 어떻게 병을 일으키는 걸까? 숙주 세포를 탈취하는 방식과 관계가 있는 걸까?

"맞습니다. 바이러스는 단지 기회가 왔을 때 자신을 복제하는 한 조각의 유전 물질일 뿐입니다. 그런 기회가 없으면 생존하지 못할 것이므로, 그런 의미에서 번식은 바이러스의 모든 것이죠. 바이러스가 세포 안으로 들어가서 필요한 물질을 모두 찾으면, 생화학적 반응이 시작돼 자동적으로 복제가 일어납니다. 그 결과로 새로운 바이러스들이 많아지죠. 이 과정은 숙주 세포를 엉망으로 만들어 죽여버리기까지 하는 경우가 아주 많습니다. 예를 들어 독감 바이러스가 어떤 사람의 코를 통해 들어와 호흡상피를 감염시키고 그런 다음 많은 숙주세포를 죽이면서 복제가 충분히 일어나면, 감염된 사람은 심한 몸살을 앓을 겁니다."

"그러나 모든 바이러스가 이런 식으로 작용하는 것은 아닙니다. 예를 들어 세포 안으로 들어간 다음에 세포를 자극해서 세포 자체가 복제를 시작하게 만드는 바이러스들도 있습니다. 이 바이러스들은 세포가 성장할 때 세포 안에서 나타나는 효소들을 필요로 하기 때문에 세포를 강제로 성장하게 만듭니다. 이 과정을 막지 않으면 암이 생길 수 있습니다. 세포분열을 정상적으로 통제하는 데에 이상이 있는 것이므로, 어떤 일이 일어나고 있는지를 면역계가 알아차리지 않는다면 우리는 암에 걸릴 수 있습니다."

물론 바이러스는 엄청나게 많은 사람들을 죽일 수 있다. 예를 들어, 1918년에 유행한 독감은 4천만 명을 죽인 것으로 추산된다. 그러나 대부분의 바이러스에는 이런 종류의 파괴력이 없다. 어떤 바이러스가 다른 바이러스들보다 높은 사망률을 나타내는 이유는 무엇일까?

"핵심은 몸이 바이러스에 어떻게 반응하느냐입니다"라고 크로포드는 대답한다. "1918년 독감 바이러스는 완전히 신종이었고, 따라서 아무도 면역력이 없었습니다. 일반적으로 인체는 완전히 새로운 감염에는 준비가 되어 있지 않으므로, 특정한 바이러스가 몰려드는 첫 시기에는 더 심한 병에 걸립니다. 진화적 관점에서 보자면, 새로운 바이러스에 가장 민감한 개체들이 죽어 없어지면 그 개체들이 자손을 만들지 않게 되므로, 시간이 가면 특정 바이러스에 대한 개체군의 내성이 커지게 됩니다. 사스SARS 바이러스의 경우에도 이런 원리를 적용할 수 있겠죠. 그 병이 반복해서 발생한다면, 결국 그에 대한 사람들의 내성이 커질 겁니다. 하지만 물론 여러 세대를 거치는 워낙 긴 시간이 필요하므로, 조금이라도 효과 있는 내성이 등장하려면 적어도 1세기 이상이 걸릴 것이지만요."

에볼라 출혈열과 같은 병은 어떤가? 인류에게 전면적인 위협이 되기에는 지나치게 치명적이지 않은가?

"아마 그럴 겁니다. 에볼라에 감염된 사람은 너무 아파서 움직일 수조차 없기 때문에, 에볼라는 폭발적으로 발생하기는 하지만 아주 멀리 퍼지지는 않습니다. 또 에볼라의 경우는 전염 방법이 전염을 막기도 합니다. 전 세계적인 전염병이 되려면 바이러스가 공기를 통해 퍼질 필요가 있지만 에볼라는 가까운 접촉을 통해서만 퍼지죠. 그래도 HIV(역시 가까운 접촉을 통해 퍼지는 에이즈 바이러스) 같은 바이러스는 매우 잘 퍼지죠. 그 병은 모르는 사이에 진행되어서, 감염되고도 그 사실을 모를 수 있기 때문입니다. 또 한 사람에게서 다른 사람에게로 가기 위해 확실한 메커니즘을 이용하고요. 그래서 독감과 비교하자면 느리게 퍼지는 반면에 뿌리 뽑기란 지극히 어렵지요."

"또 다른 점을 보자면 바이러스는 그 위험성이 예측 불가능하기 때문에 더욱 위험할 수 있습니다. 예를 들어, 1997년에 홍콩에서 H5N1 조류독감이 처음 나타났을 때 그 병이 어떻게 발전할지는 누구도 예측하지 못했죠. 감염자들 가운데 상당히 높은 비율의 사람들이 죽었지만, 결국에는 그렇게까지 전염성이 크지 않다는 사실이 밝혀졌습니다. 그렇게 빨리 퍼질 능력은 없었던 거지요. 홍콩 당국은 신속한 결단으로 수천 마리의 닭들을 죽여서 걷잡을 수 없는 사태를 막을 수 있었습니다. 조류독감은 2003년에 홍콩과 동아시아에서 다시 등장했고, 이번에도 수많은 닭들을 죽였지만, 사람들의 희생은 그다지 많지 않았습니다. 다행히도 대규모 전염병을 일으키는 바이러스는 아닌 것 같습니다. 하지만 처음에는 이 사실이 분명치 않았고, 그래서 한동안은 정말 무서운 병으로 인식되었죠. 물론 언젠가는 대규모 전염병을 일으킬 잠재력이 있는 새로운 종류의 독감이 나타날 가능성도 있지만, 현재 우리는 매우 정교한 감시 장치들을 적소에 배치해두었기 때문에 즉각 반응해서 역병이 퍼지는 일을 막을 수 있을 것이라 봅니다."

독감이 큰 위험성을 가지고 있고 바이러스가 이런 저런 형태로 오랜 기간 존재해왔는데도, 우리는 어째서 아직도 모든 계통의 독감 바이러스에 효과적인 백신을 개발하지 못하고 있을까?

"독감 바이러스는 계속 변화합니다. 끊임없이 돌연변이하고, 매우 큰 변화가 일어나기도 합니다. 그 변화는 단 하나의 염기쌍이 바뀌는 수준이 아니라 유전자 자체가 바뀝니다"라고 크로포드는 대답한다. "우리가 실제로 할 수 있는 일이라고는 이런 경향이 계속되면 일 년 뒤에는 어떤 특정한 계통이 나타날지 짐작하는 게 고작이라는 뜻입니다. 세계보건기구WHO는 가장 유행할 것이라고 예상하는 계통의 독감을 바탕으로 백신을 생산합니다. 하지만 완전히 새로운 계통이 나타나면 새로운 백신을 만들어내는 데에 시간이 걸리고, 새 백신이 나올 시점이면 그 독감은 이미 멀리까지 퍼졌을 겁니다. 지금으로서 우리가 가지고 있는 방책은 분별 있는 절충입니다. 우리가 생각했을 때 유행할 것 같은 독감을 근거로 백신을 접종하는 것이죠. 그리고 노인과 만성병 환자를 접종 대상으로 합니다. 그들이 바이러스로부터 가장 큰 위협을 받고 있으니까요."

독감 같은 바이러스가 제기하는 위협은 최근에 국제 비행기 여행의 엄청난 증가로 더 악화되었다. 2003년 초의 사스 발발이 이를 제대로 입증해준다. 이 병은 대체적으로 동아시아와 동남아시아 영역에 국한되었다. 그러나 캐나다 토론토에서 한 건이 발생했고, 이 건은 홍콩을 방문하는 동안 병에 걸렸던 한 여성—쑤이 추 콴—에게서 유래했을 가능성이 있는 것으로 증명되었다.

"국제 여행은 바이러스가 퍼지는 잠재력에 엄청난 영향을 줍니다. 하지만 당국이 사스에 대응한 속도는 매우 인상적이었습니다. 또, 바야흐로 자리 잡고 있는 감시 과정이 세계화의 효과를 다소 완화해주리라 보입니다. 하지만 결국은 많은 것이 운에 달려 있습니다. 그리고 우리는 때때로 운이 없을 수도 있어요."

사스 같은 병이 발발하면 그 병을 저지하기 위해 어떤 전략을 따르는 것이 가장 좋을까?

"부분적으로 그 일은 백신이 있느냐 없느냐에 달려 있습니다. 예를 들어 토론토에 예전부터 사스 백신이 있었다면 캐나다 당국은 최초의 피해자와 조금이라도 접촉했던 모든 사람들에게 백신을 접종할 수 있었을 겁니다. 감염이 퍼지는 것을 막기 위해 감염지에 울타리를 둘러치자는 생각이지요. 그러나 어떤 종류의 방책이 가장 효과적일지에 관해서는 언제나 논란이 있습니다. 예를 들어, 최근 미국에서 구제역이 창궐하는 동안 백신 접종이 적절한가, 백신이 문제를 개선할 것인가 아니면 악화시킬 것인가를 놓고 엄청나게 큰 논란이 있었지요. 병이 가라앉은 뒤 사람들은 매우 정교한 수학적 모델을 그 문제에 적용해보았고, 그 모델은 만일 감염된 농장들을 통제하고 농장 주위의 대상들에게 백신을 접종했다면 병의 지속을 막을 수 있었을 것이라는 대답을 내놓았습니다. 하지만 문제는 만일 어떤 전염병이 아주 급작스럽게 튀어나오면, 할 수 있는 건 이런 종류의 사후 약방문뿐이라는 점이지요."

물론 바이러스와의 전쟁에서 성공한 사례도 있다. 예를 들어 1980년에 세계보건기구는 천연두 바이러스가 세계에서 근절되었다고 선언했다. 분자유전학에서의 진보가 이런 성공보다 더한 성과를 가져다줄까? 바이러스가 어떻게 작용하는지를 더 많이 알게 되면 바이러스와 싸울 수단을 개발하기가 더 쉬워지지 않을까?

"옳은 말입니다"라고 크로포드가 대답한다. "바이러스는 워낙 작아서 게놈 서열이 가장 먼저 밝혀진 편에 속합니다. 우리는 엄청나게 많은 것을 알아냈습니다. 예를 들어 바이러스가 공격하는 세포들을 변형시키는 과정에서 일정한 유전자들이 특정한 역할을 한다는 사실을 알게 되었죠. 바이러스학의 커다란 희망은 항생제처럼 작용하는 항바이러스제를 개발하는 일입니다. 예를 들어 HIV의 항바이러스제 개발은 굉장히 큰 성과를 거두었습니다. 우리에게는 이제 에이즈를 관리하는 데 사용할 수 있는 열다섯 가지의 치료제 같은 약들이 있습니다. 그리고 1세대 치료제의 시대 때부터 이 약들은 바이러스의 특정 기능을 위해 어떤 게놈이 필요한지를 파악하고, 그 게놈을 다양한 방식으로 차단하는 과정을 바탕으로 개발되어왔습니다. 이는 매우 효과적인 방법이었죠. 우리가 항생제로 박테리아 감염을 치료하는 것과 마찬가지로 항바이러스제로 바이러스를 처리할 수 있는 때가 올 것은 거의 확실합니다."

HIV를 통제하는 일에서 병용치료combination treatment가 거둔 성공은 에이즈라는 병의 본성과 관련해서 흥미로운 부수적 쟁점을 불러일으킨다. 1996년에 레트로바이러스 학자인 피터 듀스버그Peter Duesberg는 『에이즈 바이러스 발명하기*Inventing the AIDS Virus*』라는 책을 썼다. 책에서 그는 HIV 바이러스가 에이즈 발병의 원인과 관계가 없다고 주장했다. 우리가 지금 HIV 바이러스에 대해서 알고 있는 것, 그리고 새로운 약물 요법들의 성공을 놓고 볼 때, 이런 관점이 여전히 유지될 수 있는 입장일까?

"물론 그렇지 않습니다. 사실, HIV가 에이즈의 원인이라는 증거는 언제나 있었습니다. 설사 초기에 약간의 의심이 있었다 해도 듀스버그의 주장에 동반되는 과대선전은 완전히 쓸데없는 것입니다. 이런 일들에서 가장 참담한 것은, 바로 환자들이 그 병은 바이러스 때문이 아니라고 믿고 싶어 한다는 점이죠. 왜냐하면 그들은 죽고 싶어 하지 않거든요. 하지만 이런 식으로 그들에게 잘못된 희망을 주는 것은 정말로 옳지 않은 일입니다. 우리가 느끼기에는 대중 매체들 역시 다른 바이러스 학자들이 말하는 것에는 귀를 기울이지 않고 '에이즈는 바이러스가 아니다'라고 신나게 선전했다는 점에서 해로운 역할에 한몫을 했습니다. 하지만 이 일은 이제 잦아들었습니다. 사실 병용치료의 성공이 그 쟁점을 날려버렸죠."

바이러스가 독감, 에이즈, 천연두와 같은 병의 원인이라는 사실은 잘 알려져 있는 반면, 바이러스가 어떤 종류의 암과도 관련이 있다는 사실은 덜 알려져 있다. 가장 좋은 예는 자궁경부암을 일으키는 한 원인인 HPV(사람유두종바이러스)일 것이다. 바이러스가 어떤 과정을 거쳐서 암을 일으키는가?

"일반적으로 급성 감염을 일으키는 바이러스보다 잠복기가 긴 감염의 원인이 되는 바이러스가 더욱 위험합니다"라고 크로포드가 대답한다. "그런 바이러스는 몸 안으로 들어와도 꼭 눈에 띄는 문제를 일으키지는 않지만, 이런저런 이유로 면역계가 없애버리지도 못합니다. 그리고 앞서 제가 언급했듯이, 이 바이러스들은 보통 기생하고 있는 세포 자체가 분열할 때에만 복제된다는 사실을 발견할 수 있습니다. 이 바이러스가 번식하기 위해서는 세포분열시에만 이용할 수 있는 효소가 필요하기 때문이죠. 그래서 이 바이러스의 일부는 숙주 세포를 분열주기 과정으로 밀어 넣고 세포분열을 지속시키는 메커니즘을 개발했습니다."

"우리는 이제 이와 같은 바이러스가 많다는 사실을 알고 있지요, 계속해서 더 많은 바이러스를 발견하고 있습니다. 예를 들어 HPV 바이러스는 양성의 혹에서부터 자궁경부암까지 무엇이든지 일으킬 수 있습니다. 이 바이러스는 보통 피부의 아주 작은 틈을 통해 몸 안으로 들어온 다음 피부의 기저부에 있는 세포들을 감염시켜서 그 세포들을 증식시킵니다. 증식 속도가 너무 빠르기 때문에, 세포는 결국 작은 꽃양배추 같은 혹이 되고, 성장이 완전히 걷잡을 수 없게 될 경우에는 암으로 발전할 겁니다."

HPV는 세계에서 가장 널리 퍼진 성병이다. 어떤 연구는 모든 여성의 최대 75퍼센트가 이 바이러스에 감염된 것으로 추산한다. 그렇다면 어째서 이 여성들 가운데 극소수에게서만 암이 발생할까?

"주된 이유는 HPV에도 여러 유형이 있고, 그 유형들 모두가 암을 일으키지는 않기 때문입니다. 당연히 우리에게는 서로 다른 종류의 HPV들 사이에 어떤 차이가 있는지 알아내는 것이 매우 중요합니다. 우리는 HPV에 E6와 E7이라 불리는 유전자가 있다는 것을 압니다. 이 유전자들은 세포 단백질과 결합해서 세포의 증식을 유도해 암을 일으키는 데 매우 핵심적인 역할을 하지요. 하지만 그 과정에는 언제나 숙주가 제공하는 요소가 있어요. 어떤 특정한 사람들은, 아마도 유전적인 이유 때문에 다른 사람들보다 암에 더 잘 걸린다는 말이지요."

"일부 사람들을 이런 종류의 바이러스의 위험에 더 많이 노출시키는 요인에는 비유전적인 것도 있습니다. 예를 들어 암 발생은 저항력이 낮은 면역계와 관련이 있지요. HIV와 HPV에 감염된 사람들에 관한 흥미로운 데이터가 많이 있는데, 이 데이터는 이 사람들이 면역력이 강한 대조군보다 자궁경관 점막 이상이 훨씬 더 잘 생긴다는 것을 보여줍니다."

면역결핍이 있을 때 가장 특징적으로 종양을 만들어내는 바이러스는 아마도 EBV(엡스타인-바 바이러스)일 것이다. EBV는 특히, HIV에 감염된 사람들, 그리고 기관 이식 후 면역억제제를 받은 사람들(이식 수술 후에는 기관 거부가 일어날 가능성을 최소화하기 위해 반드시 면역계를 억제해야 한다)에게서 림프종이 많이 발생하는 것과 관련이 있다.

"먼저 인구의 약 95퍼센트가 그 바이러스에 감염되지만 보통은 그렇게 많은 문제를 일으키지 않는다는 점을 말해야겠군요"라고 크로포드는 말한다. "대부분의 사람들이 어린 시절에 이 바이러스에 감염되는데, 보통은 어떤 증상도 경험하지 않습니다. 만일 어떤 사람이 사춘기나 청년기에 이 바이러스에 감염되면, 목구멍이 따갑고 열이 나겠지만, 그 밖에는(호지킨병이 생길 위험이 약간 더 높아지겠지만) 아무 일도 일어나지 않을 겁니다. 그러나 만일 면역계가 억제된 상태라면, 그 사람은 아마 EBV 연관 종양이 생길 겁니다. 이는 우리에게 바이러스를 견제하는 것이 건강한 사람의 면역 반응임을 말해줍니다."

크로포드는 에든버러 대학에서 하는 자신의 연구가 EBV와의 전투에서 면역계가 하는 역할을 어떻게 밝혀주는지 설명한다. "면역 반응의 어떤 부분이 바이러스를 견제하는지를 확인하기 위해 많은 연구가 이루어졌습니다. 우리는 이제 세포독성 T세포, 다시 말해 세포를 살해하는 T세포가 필수적인 역할을 한다는 사실을 알게 됐습니다. 예를 들어 장기이식 후에 투여하는 면역억제제는 이 세포들을 기절시키는 역할을 하므로, 어째서 일부 이식 환자들이 이식 수술 후에 EBV 연관 종양을 얻는지 설명이 되지요. 지금까지 우리는 이 환자들의 T세포를 교체하려고 노력해왔습니다. 불행히도 모든 사람에게 주입할 수 있는 단 한 계열의 T세포를 키우는 것은 불가능합니다. 이식 기관과 마찬가지로, T세포의 조직 유형도 환자의 조직 유형과 반드시 일치해야 하죠. 그래서 우리는 모든 종류의 특정 EBV 단백질에 반응하는 모든 조직 유형의 서로 다른 T세포 약 백 가지를 보관하는 거대한 세포 은행을 만들었지요."

"우리는 여덟 명의 환자들을 대상으로 실험적 연구를 막 완료해서 매우 좋은 결과를 얻었습니다. 우리가 T세포를 주입하자 여덟 명 가운데 다섯 명은 종양이 완전히 사라졌습니다. 다른 모든 치료법은 듣지 않았는데도 말이죠. 이는 매우 고무적인 일입니다. 다음 단계는 더 많은 검사를 하는 것이죠. 현재 훨씬 더 큰 규모의 무작위 대조 검사가 한창 진행 중입니다. 초기이지만 아직까지는 모든 것이 순조로워 보입니다."

이 검사 과정이 얼마나 오래 걸릴까?

"우리가 개발하는 것이 그냥 평범한 약이라면 그 요법은 임상시험이 끝나자마자(좋은 결과를 얻는다고 가정할 때) 곧장 이용할 수 있겠죠. 하지만 우리가 하고 있는 일은 약간 더 복잡합니다. 우리는 간편한 치료법을 개발하는 과정의 시작 단계에 있다고 말해야 옳을 겁니다. 남은 약간의 시간 동안에 우리는 상당히 정교한 접근법을 개발할 수 있어야 합니다. 지금은 T세포에서 수용체를 복제해서 다른 세포 안에 집어넣는 것이 가능해졌으며, 우리는 조직 유형이 일치해야 하는 조건을 넘어서 모든 유형에 적합한 단일한 T세포를 손에 넣을 수 있기를 바라고 있지요. 하지만 먼저 우리가 도움이 되는 일을 하고 있다는 기본 지식이 필요하고 우리는 현재 그 단계에 있습니다."

EBV 연관 종양으로 고통 받고 있는 사람들은 이런 종류의 연구에 관해 읽으면 자신이 임상시험에 포함될 수 있는지 묻지 않을까?

"우리는 전 세계로부터 문의를 받습니다"라고 크로포드가 대답한다. "그것은 정말 괴로운 일이죠. 그 사람들은 보통 필사적이에요. 하지만 우리는 연구가 아직 아주 초기 단계에 불과하다는 사실을 알려주어야 하죠. 그리고 그 사람들이 걸린 종양의 종류가 맞지 않는 것으로 밝혀지는 일도 흔하고요."

만일 임상시험 도중에 한 팀이 매우 좋은 결과를 얻고 있다는 것이 분명해지면, 절망적인 사람들이 그 치료를 받을 수 있도록 실험 과정을 더 빠르게 통과시킬 수도 있을까?

"모든 실험에는 데이터를 검사하는 위원회가 있습니다. 그들이 데이터가 들어오는 대로 검토를 해서 통계상으로 볼 때 어떤 치료법이 대조군보다 낫다는 것이 확실하다고 판단되면, 실험을 멈추고 모든 사람에게 치료약을 주는 것이 당연한 윤리이지요."

여기에는 의학 임상시험의 이점과 관련한 흥미로운 사회적인 쟁점이 있다. 현재 용인되고 있는 관례로는 어떤 치료법이라도 적절한 시험을 거쳐 안전하고 효과적이라는 사실이 밝혀질 때까지는 그 치료법을 사용해서는 안 된다. 그러나 2002년 말, 치명적인 신경병인 변종 크로이츠펠트-야콥병(vCJD: 일명 인간광우병)에 걸린 한 환자의 아버지가 이에 문제를 제기했다. 그는 효능과 안전성 둘 다 확증되지 않은 실험적인 치료법이라도, 자신의 아들이 치료받아야 한다고 영국 법정에서 주장하여 승소했다. 의학 연구에서 엄격한 이중맹검 검사*를 요구하는 것을 크로포드는 어떻게 생각하는가?

"일반적으로, 저는 그런 엄격한 기준이 필요하다고 생각합니다. 하지만 그 과정이 많이 빨라질 수 있을 것이라는 생각도 듭니다. 검사 하나를 통과하기 위해 넘어야 하는 장애물의 수는 정말 어마어마하죠. 분명 연구팀을 위해서 검사를 좀더 쉽게 만들 수 있을 겁니다. 저는 엡스타인-바 바이러스에 관해서는 전문가일지 모르지만 위원회와 서류 작성에 관한 경험은 많지 않아요. 그 세계는 저 같은 과학자에게는 너무 낯설며, 좀더 이용하기 쉬웠으면 하죠. 그렇지만 사정은 더 나빠지고 있는 것 같습니다. 유럽연합이 권고사항을 새로 적용하기 시작했는데, 과정이 지나치게 복잡해서 많은 시간을 낭비하고 있지요."

우리가 보았듯이, 바이러스의 작용을 더 많이 이해하면 온갖 병을 치료하는 우리의 능력 면에서 이점이 생길 것은 틀림없는 사실이지만, 새로운 문제가 많이 생기기도 할 것이다. 특히, 유전적으로 변형된 바이러스가 테러리스트의 무기로 이용될 가능성과 관련한 문제들이 있다.

"그 위험은 정말로 우리 곁에 있습니다. 그냥 독감 바이러스를 한번 생각해보세요. 만일 누군가가 새로운 계통의 독감을 만들어

* 진짜 약과 가짜 약을 피실험자에게 무작위로 주고, 효과를 시험하는 의사에게도 진짜와 가짜를 알리지 않고 약의 효과를 평가하는 방법.

서 내놓는다면, 그 결과로 대규모 전염병이 돌게 될 수 있지요. 독감으로 어마어마한 수의 사람들이 죽지는 않겠지만, 분명 큰 혼란이 일어나고 많은 사람들이 한동안 앓아눕겠죠. 그런데 만일 누군가가 독감보다 아주 약간만 더 치명적이지만 전염 방식은 같은 바이러스를 만들어낸다면 어떻게 될까요? 대참사가 일어날 수도 있겠죠."

"만일 저처럼 바이러스를 잘 아는 생물테러리스트가 있다면, 그들이 이런 일을 할 수 있습니다. 그들은 바이러스를 조작해서, 예컨대 에볼라와 천연두를 뒤섞어 어떤 잡종을 만들어낼 수 있을 것이고, 그렇다면 정말 끔찍한 일이 벌어질 겁니다. 이 위험은 현실입니다. 저는 사실 탄저균이 커다란 위협이라고 떠드는 것은 정말로 잘 이해가 가지 않아요. 제가 박테리아 학자는 아니지만, 박테리아로 많은 숫자의 사람들을 감염시키기는 조금 어려워 보이거든요. 하지만 바이러스의 경우는 전혀 그렇지 않지요. 예컨대 천연두 하나만으로도 참화가 될 수 있습니다."

현재 시점에 미생물학이 마주하고 있는 다른 큰 걱정은 아마도 바이러스가 아니라 박테리아에 대해서 항생제가 현재 거두고 있는 성과의 유효기한이 다 되어가는지도 모른다는 사실과 관련이 있을 것이다. 그 문제는 현재 사용되고 있는 항생제에 박테리아가 내성을 키워왔다는 사실(부분적으로는 항생제를 남용한 결과로)에서 비롯되었다. 이것이 우리가 걱정해야 할 문제일까?

"물론이지요"라고 크로포드는 대답한다. "어떤 면에서 이 문제는 사스 같은 문제보다도 더 걱정스러운 일이죠. 사스는 신문 일면을 장식하긴 했어도 크게 유행하지 않고 매우 효과적으로 처리되었습니다. 하지만 예를 들어 MRSA(메티실린내성 황색포도알균)는 상당한 기간 동안 우리들 병원에 있어왔는데도 우리는 아직까지 적절하게 처리하지 못하죠."

"우리가 여기서 살펴보아야 할 사항은 여러 가지가 있습니다. 첫째로, 합법적으로 이루어지는 항생제의 자유 판매를 통제하고, 어떤 특정한 병에 어떤 항생제를 쓸지를 정해서 규제할 필요가 있지요. 항생제를 마음대로 살 수 있는 지역사회에서 박테리아에 내성이 더 발달한다는 사실을 보여주는 훌륭한 데이터가 있습니다. 둘째, 동물 사료 문제를 살펴보아야 하죠. 이는 특히 별다른 이유도 없이 동물들에게 항생제를 주는 탓에 박테리아의 유전자풀에 악영향을 주고 있는 미국에서 각별히 중요한 문제입니다. 그리고 물론, 우리는 새로운 항생제를 개발하는 일 또한 해야 합니다."

증가하는 박테리아 내성 이야기의 한 가지 교훈은, 우리가 군비 경쟁이라고도 할 수 있을 박테리아나 바이러스 같은 감염체와의 전투에 언제나 쉽게 말려들게 되는 것이 진화의 본성이라는 점이다. 크로포드는 우리가 언젠가는 이 전투에서 영원히 이길 것이라고 보는가?

"먼저 저는 우리가 언제나 미생물을 뒤쫓아 가는 처지에 있을 것이라고 생각합니다. 미생물의 복제 시간이 짧다는 것은 매우 빠르게 돌연변이할 수 있다는 뜻이죠. 반면 우리가 그 돌연변이에 적응하는 데는 훨씬 더 긴 시간이 걸리죠. 예를 들어 HIV는 너무도 빠르게 변화하므로, 면역계가 처음에는 반응을 보이다가도 결국에는 이겨내지 못합니다."

"우리가 한 바이러스를 어떻게든 완전히 없애버릴 수 있으니까 언젠가는 미생물이 없는 환경에서 살 가능성도 있을 것이라는 일반적인 관점도 있습니다만 저는 과연 그런 일이 가능할지 의심스럽네요. 특히 언제나 새로운 돌연변이가 존재할 것이고, 그 때문에 과거에 우리를 감염시킬 수 없었던 바이러스들이 새로이 우리를 감염시키게 될 테죠."

"또 미생물 없는 환경에서 산다는 것이 좋은 생각인지도 전혀 확실하지 않아요. 예를 들어, 하나의 바이러스를 제거함으로써 다른 존재가 들어와 채울 공간을 만들어줄 가능성도 있습니다. 따라서 천연두를 제거한 것은 좋은 일이었지만, 천연두가 떠난 자리를 원숭이두창*이 넘겨받을지도 모를 일이죠. 이런 생각에 타당성이 있는지 확실한 것은 아니지만, 우리가 생각해보아야 하는 문제임에는 틀림없습니다."

바이러스도 생명의 한 형태이므로 보존되어야 한다고 주장하는 과격한 사람들도 있지 않은가?

"그렇죠. 하지만 저는 그 관점에 전혀 공감할 수 없습니다. 저 역시도 천연두 바이러스의 완전한 제거를 촉구했을 겁니다. 물론 그것이 좋은 일이었는지의 여부는 이제 테러리스트의 문제로 복잡해

* 근래 들어 나타나기 시작한 천연두 유사질병.

졌지만 말이죠."

인간이 미생물 병원체로부터 받고 있는 위협은 어느 정도인가? 인간 종의 유전적 다양성 덕분에 우리는 가장 참혹한 전염병을 마주치더라도 어느 정도는 보호를 받을 것이라는 주장도 있다.

"네, 그것이 바로 제 관점입니다"라고 크로포드는 말한다. "어떤 전염병이 오더라도, 감염되어서 앓게 되는 사람들은 일부에 지나지 않습니다. 저희는 이것을 빙산 효과라고 부르죠. 어떤 바이러스의 경우든, 역학적으로 연구하지 않는 한 감염된 건지도 전혀 알지 못하는 사람들이 온갖 비율로 존재할 겁니다. 독감의 경우도 분명 그렇고, 소아마비의 경우는 그 비율이 어마어마합니다. 그래서 저는 그 말이 맞다고 생각하죠. 저는 인간이 미생물로부터의 위협에 대처할 수 있을 만큼 충분히 유전적으로 다양하다고 생각합니다."

8. 암 연구와 치료

• 마이크 스트래튼과의 인터뷰

마이크 스트래튼Mike Stratton

케임브리지셔 주의 웰컴트러스트생거 연구소에서 추진하는 암게놈프로젝트의 책임자. 1999년 말 리처드 우스터Richard Wooster 박사와 함께, 인간게놈프로젝트에서 나오는 데이터를 이용하여 모든 암과 연관된 유전적 이상 위치를 정확히 알아내는 것을 목표로 암게놈프로젝트를 시작했다. 그에 앞서 암연구소 팀을 이끌어 BRCA2 유방암 유전자를 발견했다. 암유전학 부문의 의장을 맡아 암연구소와 연계를 유지하고 있다.

What Scientists Think

암은 기록된 역사 시기 내내 인식되어온 병이다. 암을 언급한 것으로 알려진 최초의 문헌은 이집트에서 발견된 에드윈 스미스Edwin Smith 파피루스와 게오르그 에베르스George Ebers 파피루스로, 작성된 시기는 대략 기원전 1600년까지 거슬러 올라간다. 이 시대 이래로 암의 원인에 관해서는 서로 다른 많은 이론들이 있었다. 예를 들어, 고대 그리스인들은 암을 당시 네 가지 체액 가운데 하나로 여겨지던 흑담즙이 과도해서 생긴 결과라 믿었다. 17세기에는 가스파레 아셀리Gaspare Aselli와 같은 과학자의 연구를 근거로 림프—백혈구가 들어 있는 체액—에서의 이상이 암의 원인이라고 생각했으며, 19세기 말 외상이론은 암이 몸의 상처에서 비롯된다고 했다.

그러나 암의 병인학에 대한 올바른 이해를 향해 실제적인 진전이 이루어진 것은 20세기에 들어서였다. 아마도 20세기에 얻은 주요한 통찰을 들자면, 암은 기본적으로 유전병이라는 통찰, 혹은 케임브리지셔의 웰컴트러스트 생거 연구소에서 실시하는 암게놈프로젝트의 수장인 마이크 스트래튼 교수가 말하듯이, 암은 완전히 DNA의 병이라는 통찰일 것이다.

"제 말은, 대부분의 다른 병과 대조적으로 암은 전부 DNA의 이상에서 기인한다는 뜻입니다"라고 스트래튼은 말한다. "시간이 가면서 우리 몸속 세포들의 DNA에는 불가피하게 변화들이 일어납니다. 부분적으로는 화학물질, 방사선, 바이러스와 같은 외부 인자들이 끊임없이 공격을 하고 있기 때문이고, 부분적으로는 세포분열 과정에서 실수가 매우 자주 일어나기 때문이죠. 그런 변화는 대부분 아무 영향도 미치지 않습니다. 세포들은 완벽하게 역할을 수행합니다. 어쩌다 어떤 변화가 세포 하나를 죽일 수도 있지만, 너무 자주 일어나지 않는 한 문제가 되지 않죠. 그러나 아주 가끔씩 몸속에 있는 한 세포의 중요한 유전자에 변화가 생겨서, 그 변화가 세포를 정상보다 약간 더 빨리 성장하게 하거나, 약간 다른 위치를 차지하게 하거나, 혈류를 따라 떠돌아다니게 할 수 있습니다. 다시 말해서 그 세포는 암세포처럼 행동하기 시작하는 것이고, 그 이유는 특정한 유전자 집합의 DNA 서열에 이상이 생겼기 때문이지요. 이것이 모든 암의 원인입니다. 어떤 인자든지 암이라는 사건에 영향을 미치는 모든 인자들은 궁극적으로는 DNA에 이상이 생기는 이 과정을 통해 작용합니다."

이 과정에서 흥미로운 점은 정상적으로 기능하는 세포들에는 통제 불가능할 정도로 자신을 복제하지 못하도록 방지하는 메커니즘이 내장되어 있다는 점이다. 그렇다면 암이 되는 세포들에는 유전적 이상이 여러 군데 있다는 말인가?

"세포는 몇 가지 장벽을 세워서 자신을 보호하며 그 장벽이 뚫릴 때만 암의 특징들이 나타납니다. 저희는 이렇게 생각합니다. 우선 어떤 개별 세포에 암의 원인이 되는 이 돌연변이들 가운데 하나가 생길 것이고, 그러면 그 돌연변이는 정상 비율보다 약간 더 증식하겠죠. 우리 몸속에는 아마 매순간 이런 세포들이 수백 또는 수천 개 있을 테지만, 보통은 아무 문제도 일으키지 않을 겁니다. 하지만 이 세포들 중 하나에 두 번째 돌연변이가 생기면, 그것 때문에 그 세포가 더 많이 증식하게 될 겁니다. 그리고 이번에는 그 결과로 작은 양성종양이 생기게 되겠죠. 다시 말해, 암 원인 유전자에 이상이 생긴 세포들이 복제되어 퍼져나가는 겁니다. 요점은 우리가 암이라고 인식하는 특징들을 세포가 나타내게 되는 때는, 즉 암이 침습성이 되고 전이성이 되는 때는 필수적인 숫자만큼 이상이 생기고 난 다음이라는 점입니다. 현재는 이 필수적인 숫자가 몇인지는 저희도 모릅니다. 이론적으로 다섯이나 여섯쯤 될 것이라고 추측하지만, 열이나 스물일 가능성도 있지요."

요구되는 비정상의 숫자가 암의 종류에 따라 다른가?

"예컨대 일부 유방암처럼 이상이 많은 암도 있고, 백혈병처럼 훨씬 조용한 암들도 있는 것 같습니다. 저희의 견해로는 일반적으로 더 조용한 암들은 그 암을 진행시키는 이상이 하나나 둘쯤 되고, 다른 암들은 평범한 상피암처럼 열 가지쯤 되는 이상 세포 때문에 생기는 듯합니다."

어떤 암들은 다른 암보다 훨씬 더 흔하다. 예를 들어 유방암은 비교적 흔한 반면, 섬세포암은 비교적 드물다. 이는 암을 일으키는 돌연변이가 근본적으로 어떤 세포에서는 다른 세포에서보다 더 잘 일어난다는 뜻인가, 아니면 흔한 암의 경우에 외부 영향이 더 치명적이라는 뜻인가?

"그것은 매우 대답하기 어려운 질문입니다"라고 스트래튼은 대답한다. "바보같이 들리겠지만, 저희는 무엇 때문에 어떤 암이 다른 암보다 더 흔한 건지 제대로 알지 못합니다. 그 이유를 생각해보려 해도, 거의 첫 번째 원칙부터, 즉 왜 몸의 어떤 기관에는 암이 많이 생기고 어떤 기관에는 암이 거의 없는지 하는 문제부터 당장 어려움에 부딪칩니다. 예를 들어 유방, 결장, 뇌 세 경우를 비교해보면, 여성에게서 유방암은 결장암보다 세 배쯤 더 흔하고, 뇌암보다는 스무 배쯤 더 흔하죠."

"첫 번째로 세포가 많은 기관에 암이 더 많을 것이라고 생각해볼 수 있겠죠. 그런데 유방암을 일으킬 수 있는 유방 세포보다 뇌암을 일으킬 수 있는 뇌 세포가 백 배는 많지요. 그렇지만 유방암은 상대적으로 흔하고, 뇌암은 상대적으로 드물기 때문에 당장 모순이 생기죠."

"이 생각을 좀더 정교하게 다듬을 수도 있을 겁니다. 어쩌면 가장 암이 되기 쉬운 세포는 보통 분열을 많이 하는 세포일지도 모릅니다. 예를 들어, 활동적인 세포는 덜 활동적인 세포보다 이상이 더 많이 생길 것으로 예상할 수 있습니다. 이런 예측이 유방, 결장, 뇌 비교와는 들어맞을까요? 뇌 안의 세포는 출생 후에 별로 많이 분열하지 않는 것이 사실입니다. 뇌 세포들은 상당히 얌전하죠. 하지만 결장은 경우가 다릅니다. 결장의 표면상피는 24시간에서 48시간마다 교체됩니다. 이 세포들은 끊임없이, 유방의 세포보다 훨씬 더 많이 분열하고 있습니다. 하지만 유방암이 결장암보다 흔하므로, 이번에도 우리는 모순을 벗어나지 못하죠. 그렇다면 이 세포들이 노출되는 환경의 관점이나 이 세포들의 생물학에 암의 발병률 차이를 설명하는 더 깊은 무언가가 있는 것이 분명합니다.”

“그렇지만 저희가 전혀 손도 못 대고 있는 핵심적인 데이터 하나가 있습니다. 대장의 첫 부분인 맹장과 만나는 소장의 끝부분인 회장과 관련된 문제인데, 회장의 세포는 결장(대장의 중간 부분)의 세포보다 더 빨리 교체되지요. 또 회장의 내용물은 결장 첫 부분의 내용물과 다를 것이 없고요. 그런데 결장은 암에 걸리는 비율이 높고, 회장은 믿을 수 없을 정도로 낮습니다. 그러니까 서로 흡사한 두 종류의 조직이 있는데, 둘 다 빠르게 교체되고, 둘 다 큰 기관이며, 둘 다 같은 조성의 액체와 돌연변이 유발요인을 접하고 있음에도, 5센티미터의 거리 차이 때문에 암을 거의 볼 수 없는 영역과 암이 매우 흔한 영역으로 나눠지는 것이지요.”

“이는 세포 숫자로도, 세포 교체로도, 돌연변이원의 숫자로도 도저히 설명할 수 있을 것 같지가 않습니다. 암 발병률을 서로 다르게 만드는 것은 이 세포들의 생물학에 있는 매우 심오한 어떤 이유라고 볼 수밖에 없습니다."

암은 기본적으로 DNA의 이상과 관련이 있다. 하지만 이는 모든 특정한 암이 유전된다는 말은 아니다. 예를 들어 유방암은 5에서 10퍼센트만이 유전된다고 여겨진다.

"그렇습니다"라고 스트래튼이 인정한다. "물론 어떤 암들은 유전될 위험이 있고, 유전자에 있는 특정한 이상들 가운데에는 부모로부터 자손에게 정상적인 방식으로 전달되었을 때 거의 무조건적으로 암을 일으키는 이상도 있습니다. 하지만 중요한 점은 유전과는 아무 관련이 없고 단지 운에 달려 있는 암의 경우조차도, 그 암을 일으키는 것은 여전히 DNA 이상이라는 점입니다. 이 경우는 그 이상이 수태된 이후에 생겼을 뿐이죠."

그렇다면 모든 암의 원인이 DNA 이상이라는 사실이 1999년에 암게놈프로젝트를 수립하는 계기가 된 것인가?

"사실 적어도 막연하게나마 암이 유전자에 있는 이상과 관련이 있다는 사실을 우리가 안 지는 거의 백 년이 다 되었습니다. 그리고 DNA 재조합 기술이 출현하면서, 비정상일 경우 세포를 암세포가 되도록 몰아가는 주요 유전자 일부를 확인할 수 있게 되었죠. 그렇지만 이 유전자를 찾기 위해서는 언제나 게놈의 어디쯤을 보아야 하는지 알려주는 사전 단서가 필요했습니다. 문제는 모든 암 유전자가 우리에게 위치 단서를 제공할 이유는 전혀 없다는 점이었습니다. 게놈 안 깊숙한 어딘가에 묻혀 있어서 결코 발견되지 않을 수도 있었죠."

"암게놈프로젝트의 계기가 된 것이 바로 이 사실이었습니다. 프로젝트를 수립하면서 우리는 앉아서 위치 단서를 기다리기보다는 유전자 하나하나씩 게놈 전체를 훑어가면서 이 유전자가 갖가지 인간 암에서 비정상인가 아닌가를 알아볼 수 있을 것이라 구상했습니다. 대답이 '아니다'라면, 암 유전자가 아닌 것이죠. 이런 일반적인 방식을 쓰면 모든 종류의 암을 일으키는 모든 유전자를 확실히 조사할 수 있습니다. 쉬운 일은 아니지만, 이것이 바로 암게놈프로젝트의 개념적 토대입니다."

유전자 기능을 더 많이 이해하게 된 결과로 얻은 치료법 몇 가지가 이미 암 치료에 성공했다. 아마도 가장 놀랄 만한 예는 글리벡Glivec이라는 약의 사례일 것이다.

"글리벡은 DNA 재조합 기술을 암 치료법을 찾는 데 도움이 되도록 적용할 수 있을 것이라는, 많은 연구자들의 생각을 완벽하게 증명한 예이지요. 연구자들은 만일 암을 유발하는 유전자를 발견할 수 있다면, 그 유전자 스위치를 끔으로써 암의 스위치를 꺼버리는 약을 개발할 가능성도 있다고 생각했습니다. 이는 매우 간단하지만 강력한 개념이죠. 그러나 암을 치료하는 임상의들은 처음에 그 개념을 상당히 회의적으로 받아들였습니다. 그들은 아마도 암이란 젊고 다소 건방진 젊은 분자생물학자들이 이해하는 것보다 훨씬 더 복잡하다고 생각했던 것 같습니다. 제 생각으로는 글리벡 이전에는 그들의 회의론이 어느 정도 정당해 보였을 겁니다. 상당한 숫자의 암 유전자들이 확인되었는데도 암과 싸우기 위한 분명한 치료법은 나오지 않았으니까요. 사실 심지어는 분자생물학자 자신들 가운데에도 믿음을 잃은 사람들이 있었을 겁니다. 하지만 글리벡은 이 전략이 매우 훌륭히 들어맞았음을 보여주었죠."

"만성골수성백혈병CML은 거의 모든 경우 9번 염색체와 22번 염색체가 재배열되면서 나타납니다. 대충 말하자면, 양쪽 염색체상의 유전자들이 해체되었다가 합쳐지면서 하나의 새로운 유전자를 형성하는 겁니다. 바로 이 재배열된 유전자가 백혈병을 유발하죠. 이 유전자가 암호화하는 단백질의 스위치가 구조적으로 켜지면서, 그 결과로 세포에게 성장하라는 신호를 보냅니다. 그 유전자가 바로 이런 일을 일으키는 거죠. 그래서 이 재배열된 유전자가 부호화하는 단백질의 억제제를 개발하려는 시도를 했습니다."

"저는 그 일을 달성했다고 처음 들었던 때를 아주 똑똑히 기억합니다. 그때 저는 오스트레일리아의 한 컨퍼런스에서 조용히 꾸벅꾸벅 졸면서 하루를 버티고 있었습니다. 그 발표는 상당히 조심스러웠지만, 다른 모든 종류의 치료가 전부 실패한 34명의 환자 가운데 33명인가가 이 억제제로 회복되었다는 말을 듣자, 정신이 번쩍 들더군요. 당장 정신 차리고 잘 들어야 하는 내용이라고 직감했죠."

"그리고 정말로 만성기 CML의 치료에서 글리벡이 거둔 성공은 보기 드문 것이었습니다. 20년 전의 건방지고 젊은 생물학자들

중 누구도 감히 그 정도까지는 꿈꾸지 못했을 겁니다. 글리벡은 암 연구의 세계를 바꾸어놓았습니다. 이제는 한 유전자의 스위치를 끄면 한 암의 스위치도 끌 수 있다는 사실을 모든 사람들이 인정합니다."

스트래튼은 과거에, 암세포는 '매우 교활한 게릴라 전사'라서, 만일 암세포가 글리벡과 같은 약과 싸우는 방법을 발견하는 것도 예상할 수 없는 일은 아닐 것이라고 언급했다. 이것은 무슨 뜻인가? 종양 안에 있는 소수의 세포들이 돌연변이해서 특정한 약에 저항할 수 있게 된다는 의미인가? 그래서 이 세포들은 약을 투여했을 때 다른 암세포들보다 상대적으로 유리해져서 다른 세포들을 누르고 우세해질 것이라는 말인가?

"그렇습니다. 저는 이것을 뒷받침하는 증거가 있다고 생각합니다"라고 스트래튼이 대답한다. "암이 성장하고 분열하면서 돌연변이를 하는 것은 피할 수 없는 일입니다. 정확히 얼마나 돌연변이할지는 그 암이 얼마나 오래 자라왔는가와 돌연변이가 일어나는 속도에 달려 있지요. 글리벡 같은 약을 암에 투여하면 엄청나게 많은 암세포들이 죽겠지만 극소수의 이상 세포들이 남을 겁니다, 예전에는 아무런 장점도 없었던 그 세포들이 글리벡이라는 환경에서는 암의 생존을 가능하게 만들 것이라고 상상해볼 수 있습니다. 이것이 바로 글리벡과, 그리고 아마도 다른 치료법들에 대해서도 내성이 일어나는 방식을 보여주는 가장 그럴듯한 모델입니다."

그렇다면 이것은 우리가 에이즈를 치료하는 병용요법과 똑같은 식으로 작용하는 암 치료법을 찾을 필요가 있다는 뜻인가? 다시 말해 암을 조기에 포착한 다음 내성을 지닌 세포가 나타나기 시작하는 듯하면 투여하고 있는 약물의 종류를 바꿀 필요가 있다는 뜻인가?

"뭐, 이런 종류의 모델은 사실 원래 암 치료법에서 온 것입니다. 옛날 방식의 많은 암 치료법들은 병용요법입니다. 환자가 두세 가지 다른 약을 복용한다는 말이지요. 어째서 두세 가지 약을 함께 먹는 것이 한 가지 약만 먹는 것보다 잘 듣는지가 언제나 분명한 것은 아닙니다. 하지만 글리벡이 제시하는 모델의 맥락으로 보면 이런 일이 어떻게 일어날지를 볼 수 있지요. 예컨대 글리벡이 대략 열 개 정도의 세포만 빼고 모든 암세포를 죽여 없애고, 또 다른 약도 대략 열 개 정도의 세포만 빼고 모든 암세포를 죽여 없앤다고 합시다. 어느 한쪽에 속하는 열 개의 세포 가운데 하나가 두 약 모두에 내성이 있을 확률은 매우 적습니다. 따라서 이런 방법을 쓰면 암 전체를 죽여 없앨 확률이 높아지죠. 실제로 사람들은 글리벡과 같은 신약을 사용하면서도 복합적인 병용요법을 개발하려고 노력하고 있습니다. 교활한 게릴라 전사로서 끈덕지게 저항하는 암의 최종적인 위협을 물리치려는 시도로 말이지요."

글리벡과 같은 약이 전면으로 제기하는 쟁점들 가운데 하나는 특정한 암을 표적으로 하는 치료법 개발의 경제적 측면과 관계가 있다. 특히, 소수의 사람들에게만 유용한 약을 생산해서 제약회사가 어떻게 돈을 벌 수 있을지 잘 모르겠다. 이것이 우리가 걱정해야 할 점인가?

"일반적인 문제는 당신이 설명한 것과 같습니다. 간단히 말해서 상업적인 관점에서 제약회사는 흔하고, 만성적이고, 되도록이면 생명에 지장이 없는 병을 대상으로 하는 약에 가장 매력을 느낄 겁니다. 문제는 암이 이 범주에 정말로 맞지 않는다는 점이죠. 우리가 그냥 암이라고 부르는 모든 병을 하나로 본다면 암은 정말 흔한 병입니다. 하지만 암은 다양한 방식으로 나눌 수 있습니다. 예를 들어 발생하는 기관을 놓고 보자면, 유방의 암은 결장의 암이나 뇌의 암과는 다르게 행동하죠. 하지만 우리는 특정한 기관 안에서도 암들을 더욱 세분할 수 있습니다. 예를 들어 유방암에 관해 더 많이 알게 될수록 우리는 더 많은 하위범주들을 발견합니다. 그런 다음 이상을 일으키는 유전자를 확인하게 되면, 우리는 암을 매우 큰 수의 범주들로 나누게 됩니다. 유방암에만도 스물에서 서른 가지 다른 종류가 있을 수 있지요."

"지금 말한 이런 상황 때문에 제약회사가 특정한 암을 대상으로 상업적으로 이득을 볼 수 있을 만한 약을 개발하기가 상당히 곤란해집니다. 암 치료제 개발에는 이처럼 중요한 불확실성이 있습니다. 그 병이 얼마나 그리고 어떻게 나뉘느냐가 중요해지죠."

"여기에는 짚고 넘어가야 할 점들이 많습니다. 먼저 특정한 분자들을 표적으로 하는 약은 개발 초기 단계에서는 십중팔구 비상업적인 단체들이 더 많이 관여하게 될 것입니다. 실제로 이 일은 이미 일어나고 있지요. 연구 과정의 비용이 더 싸지고 과정을 더 잘 이해하게 되면서, 암 자선단체와 정부출자 연구팀들이 분자들의 1차 선별을 책임지기 시작하고 있습니다."

"그러나 사정은 이 단계 이후에 더 어려울 수 있습니다. 물론 개발하려는 약이 훌륭한 치료제가 될 것이라고 생각한다면 제약회사가 기꺼이 나서서 여러 손질을 하는 이후 단계들에 관여할 수도 있습니다. 그러나 여기에도 여전히 많은 비용이 들 것이므로 확실하게 그러리라는 보장은 없죠. 한 마디로 병이 여러 범주로 세분화되고 있는 세상에서 새로운 암 치료제의 개발이 상업적으로 실용화될 수 있을지 없을지는 여전히 분명치 않습니다. 그리고 만일 상업적으로 실용성이 없다면 누가 개발을 맡을지도 분명치 않고요."

상업적인 관심과 학구적 관심의 교차점에서 일어나는 또 다른 논란은 유전자 특허등록과 관계가 있다. 간단히 말하자면, 그 쟁점은 제약회사에게 비용이 매우 많이 들어가는 연구에 참여할 동기를 주기 위해서는 유전자 특허등록이 필수라는 주장과, 유전자에 관한 지식은 특허로 등록할 수 있는 성질의 것이 아니며 유전자 특허등록은 정보의 흐름을 막고 유전자 기술의 잠재적 혜택을 이윤 추구의 대상으로 만들 것이라는 주장으로 갈린다. 이 논쟁에 관한 스트래튼의 입장은 어느 쪽인가?

"자, 이 문제를 적절하게 생각하기 위해서는 유전자 특허등록의 문제로부터 약간 뒤로 물러서서, 일반적으로 특허등록을 하는 이점을 생각해보아야 합니다"라고 그는 대답한다. "특허라는 것은 혁신과 발명을 장려하기 위해 고안된 장치입니다. 글리벡의 경우처럼 해당 유전자의 발견에서부터 약의 개발까지의 과정을 예를 들어보죠.

이러한 종류의 약이 표적으로 하는 유전자를 찾으라고 사람들에게 동기를 부여할 필요는 예전에도 없었고 지금도 없습니다. 우리는 모두 그런 유전자를 찾는 데 매우 열심이죠. 그렇지만 글리벡과 같은 약을 시장으로 가져가는 데는 규제 요건 등을 만족시키기 위해 엄청난 액수의 돈이 필요하며, 그런 비용을 쓸 가치가 있다고 제약회사를 설득하기 위해서는 아마도 유인책이 필요할 겁니다. 이런 의미에서라면, 약의 특허가 항상은 아니겠지만 일반적으로는 사회적으로 이익이 됩니다."

"일단 한 회사가 어떤 약의 특허를 취득하면, 물론 그 회사는 자신들이 원하는 만큼 가격을 매길 수 있는 것도 사실입니다. 시장의 원리란 서구 세계에서는 회사들이 가격을 매기는 데 다소 현실적인 경향이 있다는 뜻이죠. 하지만 물론 세계의 다른 부분들, 보통 특별한 약을 위해 지불할 돈이 없는 지역을 생각해보면 또 문제가 있죠. 이런 문제들이 특허를 적용하는 방식을 재고할 것을 요구해왔고, 우리는 이제 2단계 접근과 같은 방식을 취하고 있습니다. 이는 서구 세계는 약을 위해 일정액의 돈을 지불하고, 세계의 다른 부분들은 약을 그보다 훨씬 싸게 얻거나 때로는 전혀 무상으로 사용하는 것을 묵인하는 접근법이죠."

"항레트로바이러스제*와 제3세계에 관한 모든 열정에도 불

* 에이즈의 치료제.

구하고, 특허가 없었다면 항레트로바이러스제도 없을 것이라는 주장이 분명히 제기될 겁니다. 그러므로 이 쟁점을 바라볼 때는 반드시 신중히 고려하고 온갖 지혜를 동원해야 합니다. 이는 정치적 입장에만 입각해서 반사적으로 반응해야 할 문제가 아닙니다."

"그렇지만 유전자의 경우에는 그 상황이 약에 대한 특허의 경우처럼 분명하지 않습니다. 유전자의 효용을 위해 유전자를 특허로 등록하는 것이 인류를 위해 이익인지는 명백하지 않거든요. 우선, 사람들은 언제나 특허로 등록할 수 있든지 없든지 상관하지 않고 기꺼이 유전자의 용도를 찾을 겁니다. 특허의 지지자들은 특허가 투자를 더 많이 끌어들일 것이므로 유전자의 용도가 더 많이 발견될 것이라고 말할 겁니다. 하지만 설사 이것이 사실이라 하더라도, 사실상 그 이득은 아마 상당히 제한적일 것이며, 특허 독점에서 일어나는 문제들과 비교해서 손익을 따져보아야 할 것입니다. 유방암 유전자 같은 경우에서 일어나는 문제의 종류들을 볼 수 있지요. 현재 건강보험은 이 유전자 서열을 완전히 마음대로 사용할 수 없습니다. 때때로 비싼 특허사용료를 지불해야 하고, 종종 진단시험 자체를 전혀 할 수 없다는 말입니다. 그 진단은 다른 곳에 위탁해야 하지요."

스트래튼이 여기서 유방암의 경우를 언급한 것은 흥미롭다. 왜냐하면 그는 두 가지 유방암 유전자 가운데 하나인 BRCA2를 특허등록한 팀의 수장이었기 때문이다. 두 가지 유방암 유전자는 모두 1994년에 발견되었고, 유전되는 유방암의 많은 부분을 설명한다.

“제가 그 특허취득을 허락한 동기는 주로 그것이 우리가 채택할 수 있었던 방어적 입장이어서였습니다”라고 그는 설명한다. “이는 어느 정도 정당화되어왔습니다. 그동안 그 유전자를 독점하려는 시도들이 있었고, 우리의 특허는 이에 대항하는 더없이 강력한 방어책은 아니더라도, 아마도 사용할 수 있는 거의 유일한 무기였으니까요. 특허가 존재하는 세계에서는 우리가 연구하는 유전자의 통제권을 얻기 위해서 싸울 것인가 말 것인가를 결정해야 합니다.”

“하지만 저희는 그 유전자를 사용하고 있는 사람들에게 어떤 돈도 요구하지 않습니다. BRCA2는 공공기관의 지원금을 받은 인간의 건강을 증진하기 위한 연구에서 찾은 것이므로, 이 염기서열을 가능한 한 많은 사람들이 사용할 수 있게 함으로써 인간의 건강 증진을 계속해서 촉진해야 한다는 것이 저의 의견입니다.”

“그러나 만일 이 서열이 사용하기에 너무 어렵거나 비용이 많이 드는 것이라서 아무도 사용하지 않고 있었고, 그래서 유방암의 진단이나 증상 발현 전에 검사가 전혀 이루어지지 않고 있었다면, 특허를 따서 기업체에 사용 허가를 주는 것이 매우 중요해졌을 겁니다. 그렇게 하면 기업체가 자본을 투자해서 진단 서비스를 제공할 수 있게 되니까요. 분명 그 서비스는 매우 비싸겠지만 서비스가 전혀 없는 것보다는 나을 테죠. 다시 말하지만, 정치적인 결론으로 너무 빨리 건너뛰지 않는 것이 중요합니다. 그럼에도 특허등록 문제의 손익에 관해서라면, 저는 대부분의 유전자 특허가 인류에 보탬이 되지 않을 것이라고 생각합니다. 개별적인 사례에 따라서 판단을 신중히 해야 하겠지만 말이죠."

인간게놈프로젝트의 중요성을 이야기할 때, 인간의 건강과 평균수명의 부분에서 언제쯤이면 중대한 진전이 이루어질지에 대해 대부분의 과학자들은 상당히 조심스러운 어조로 입을 뗀다. 암 치료에서는 과연 언제쯤 진전이 있을까?

"암 연구 분야에는 불확실한 부분이 많기 때문에 미래를 성급히 예측하는 것은 너무 분별없는 행동일 겁니다"라고 그가 대답한다. "하지만 그래도 미래에 어떤 일이 일어날지 여러 가지 생각을 해볼 수 있습니다. 예를 들어 세포의 구조를 더 많이 알게 되면서, 우리는 그 안에서 무엇이 잘못되고 있으며 어떻게 해야만 그것을 바로잡을 수 있는지를 지금보다 더 잘 알 수 있게 될 겁니다. 또 암은 DNA의 병이므로, 이 영역에서의 모든 지식 증가는 거의 모두 새로운 연구 방법과 어쩌면 새로운 치료법으로까지 이어질 겁니다. 이런 점에서 글리벡의 출현과 그런 치료법이 함축하고 있는 가능성들은 상당한 낙관론을 내놓을 수 있는 근거가 되지요."

"그러나 우리가 예측할 수 없는 많은 것들이 있으므로, 아마도 조심스러운 낙관이 최선의 전망일 듯합니다. 이미 이야기했듯이, 약에 대한 내성이 어떻게 나타날지는 아무도 모릅니다. 예를 들어 글리벡도 앞으로 4~5년 정도 매우 성공적이다가 전혀 듣지 않을 수도 있지요. 그것은 아직도 모르며 연구가 이루어지기 전까지는 앞으로도 모를 겁니다. 또 우리는 글리벡의 패러다임을 다른 종류의 암들, 특히 평범한 상피암에 어떻게 적용할 수 있는지도 모릅니다. 적용되지 않을 명백한 이유는 없는 듯하지만, 암은 우리를 갑자기 놀라게 하는 재주가 있기 때문에 확실한 것은 하나도 없습니다. 암 연구의 세계가 글리벡의 성공으로 바뀐 것은 틀림없지만, 그렇게 바뀌었다는 사실을 생각해보면 또 언제든지 다시 바뀔 수도 있다는 것을 깨닫게 되지요."

"물론 다른 한편으로 우리가 인간 게놈으로부터 평균수명을 10년이나 20년 정도 늘리는 것 같은 성과는 얻지 못할 겁니다. 저는 20년 후의 암 치료법이 지금과 별로 다르지 않다면 깜짝 놀랄 것이라는 말을 자주 해왔습니다. 하지만 항상 단서를 덧붙이죠. 20년의 세월이 지난 뒤에 정말 어떤 일들이 일어났는지, 얼마나 많은 것들이 실현되었는지 보고, 그렇게 된 이유들을 살펴본다면 재미있을 것이라고요."

아마 모든 암을 단 한 알로 치료하는 마법의 알약은 결코 나오지 않을 테지만, 암은 그보다 점점 더 관리 가능한 만성병, 아마 당뇨와 비슷한 질병이 되지 않을까?

"분명 우리는 미래에 그렇게 되리라고 상상합니다. 단 한 알이면 치료되는 마법의 알약은 말도 안 되죠. 우리는 앞에서 이미 암이라는 병은 서로 다른 많은 종류들로 나뉘며, 그렇기 때문에 각 병들마다 알약이나 알약 묶음이 따로 필요할 것이라고 이야기했습니다. 그

것이 완전한 치료라기보다는 관리, 즉 병을 악화시키지 않고 만성으로 유지해나가는 일이 되지 않을까? 뭐, 이미 이런 이야기들이 있고, 점점 더 자주 들리고 있지요. 분명 그것도 훌륭한 성과일 것이고, 우리에게 암을 다루는 다른 전략을 제공하는 것도 틀림없습니다. 그러나 저는 암을 완전히 뿌리 뽑는 치료가 아닌, 이런 형태의 치료가 가장 가능성 있는 결과라고 정말로 확신하지는 않습니다. 제 생각에 50년 정도 지나고 나면, 이 두 가지 방식이 혼합되어서 진행되고 있지 않을까 싶습니다."

"어떤 일이 일어날까 하는 판단을 내릴 때 힌트를 주는 것은 암이 어떻게 행동하는가 하는 지식입니다. 많은 암들은 치료약을 먹으면 그냥 터져서 없어집니다. 예를 들어, 옛날식 약물 치료로도 고환암의 경우는 완치율이 95퍼센트나 되지요. 재발하지도 않고요. 관리가 아니라 치유되고 있는 겁니다. 우리는 이 사실을 잊는 경향이 있지요. 우리가 보통의 상피암의 경우에도 이렇게 치료가 되는 장면을 볼 수 있을까요? 아니면 단지 암을 억제하는 여러 전략들을 써야 할까요? 저는 정말로 이 질문에 대답하는 만용을 부리고 싶지 않습니다. 지금 당장은 저도 정말 모르겠습니다."

9. 동물 실험과 의학 연구

• 콜린 블레이크모어와의 인터뷰

콜린 블레이크모어Colin Blakemore

2003년에 의학연구위원회의 의장직을 맡았다. 1979년 이래로 옥스퍼드 대학 생리학과의 웨인플리트 좌座 교수직을 맡고 있기도 하다. 영국신경학협회, 생리학회와 새로운 생명과학연합의 회장을 역임했다. 영국과학진흥협회의 회장 겸 의장을 맡기도 했다. 1988년 BBC 2에서 방송된 뇌와 마음에 관한 13부작 〈마인드 머신The Mind Machine〉을 포함해 라디오와 텔레비전의 여러 프로그램에 출연했다. 저서 『마음의 역학*Mechanics of the Mind*』으로 파이베타카파 과학상을 수상했다.

2004년 5월, 영국 정부는 과학 연구에서 동물 사용을 대체하고, 개선하고, 줄이는 것을 목표로 하는 작업에 자금을 지원할 새로운 국가기관을 설립할 예정이라고 공표했다. 과학혁신부 정무차관인 세인즈베리 경은 그 기관의 궁극적인 목표가 무엇이든 적절한 과학 연구를 위해서 현재 동물 시험이 필수적인 것은 분명하다고 주장함으로써 그 공표에 반기를 들었다. 그는 그 자리에서 몇 달 전에 자신이 한 말을 되풀이하면서, 현존하는 규제의 틀 안에서 실시되고 있는 동물 연구를 지원할 영국 정부의 의무를 재확인했다.

그러나 과학 연구를 위해 동물 실험이 필수적이라는 이 주장을 모든 사람들이 인정하는 것은 아니다. 놀라운 일도 아니겠지만, 이 주장에 가장 격렬하게 이의를 제기하는 사람은 동물권리보호 운동가들이다. 예를 들어 전국반생체해부회는 '동물기반 연구의 근본적인 결함은 종마다 약물과 화학물질에 다르게 반응하므로, 동물 시험에서 나오는 결과는 인간에게서 일어날 유사 효과를 예측하기 위한 수단으로서 신뢰할 수 없다는 점이다. 따라서 동물 실험은 믿을 수 없고, 비윤리적이고, 불필요하다'고 주장한다.

이 관점은 압력단체의 과장법이 섞여 있다고 여겨도 무방하겠지만, 동물 실험을 둘러싼 쟁점들이 풀기 어렵다고 말하는 사람들은 동물권리보호 운동가들만이 아니다. 예를 들어, "동물 연구가 인간에게 유익하다는 증거는 어디에 있는가?"라는 제목의 「영국의학저널*British Medical Journal*」 논설(2004년 2월 28일자)에서, 판도라 파운드Pandora Pound 등은 첫 번째 문장에 다음과 같이 적었다. "임상의들과 대중은 흔히 동물 연구가 인간의 병을 치료하는 데 공헌했다는 명제를 자명하다고 여기지만, 이 견해를 뒷받침하는 증거는 거의 구할 수 없다." 이 주장이 제기된 뒤, 영국의 매체는 동물 연구가 도대체 유용하기는 한지 과학자들이 의심하기 시작하고 있다고 보도했다.

"그 문구가 동물보호운동을 위한 일종의 시위 구호가 될 것은 불을 보듯 뻔했으며, 그건 매우 유감스러운 일이었습니다." 내가 그 논설을 언급하자, 의학연구위원회 의장인 콜린 블레이크모어 교수는 이렇게 말한다. "하지만 최근에 왕립협회가 발표한 지난 세기의 거의 모든 의학 발전은 어느 시점에 연구에서 동물 실험에 의존했다는 포괄적인 연구 결과나 보건부가 상원의 '동물 실험에 관한 위원회'에 제출하는 증거 가운데 동물 연구가 쌓아온 지식의 기반 없이는 국민건강보험을 운영할 수 없다는 진술만 봐도 그 주장을 반박할 수 있습니다. 과학계의 압도적인 견해는, 의학의 발전을 위해서는 동물 연구가 필수적이라는 것입니다."

"또한 중요한 점은 파운드 등이 논문에서 분석 데이터 일부를 잘못 해석했다는 점입니다. 그들은 동물 연구가 임상적 적용으로 넘어가는 과정에서, 증거의 적절한 재검토라는 관점에서 종종 엄밀함이 부족하다는 점을 발견했고, 이에 관해서는 저도 그들이 옳다고 생각합니다. 새로운 치료제의 효과를 시험해보려는 일부 과학자나 제약회사의 열의가 동물 연구로부터 얻은 데이터를 오해하거나 확대해석하는 결과를 낳을 수도 있습니다. 하지만 그들은 동물 실험이 임상적 적용으로 이어진다는 사실을 잘 기록해놓은 수백 가지 연구 영역 가운데 여섯 영역밖에 조사하지 않았습니다. 좀더 명확히 말하자면, 그들은 동물 증거 및 관련된 임상적 적용 시도에 관한 포괄적 검토자료 여섯 건을 살펴봤죠."

"이 가운데 한 사례에서 그들은 마이클 마못Michael Marmot과 같은 사람들의 연구에서 인간의 건강이 사회적 지위나 책임과 연결되어 있는 것이 분명하다는 결과가 나왔음에도, 영장류들 사이에는 이와 유사한 현상이 없다는 사실을 발견했습니다. 하지만 이는 놀랄 일이 아닙니다. 영장류에서는 상황이 다르기 때문이죠. 마못은 공무원 사회를 관찰하고 있었고, 영장류의 무리에서 딱히 그와 비슷한 것을 찾기란 쉬운 일이 아니죠."

"다른 다섯 사례는 이전 동물 연구에 대한 어설픈 조사와 흔히 매우 낙관적인 해석을 바탕으로 인간의 임상시험이나 예비치료를 시작한 경우였습니다. 모든 사례에서, 임상적 기법이 듣지 않는 것으로 드러났죠. 다시 그 동물 연구를 철저하고 체계적으로 재검토하자,

동물 실험에서 나온 결과들이 실제로는 임상 연구로 넘어갈 만큼 긍정적이지 않았다는 사실이 밝혀졌습니다. 따라서 그 검토는 동물 결과와 인간 결과의 불일치를 보여주기는커녕, 완벽한 상관관계를 보여준 것입니다. 동물 결과에서 바로 임상 연구로 넘어간 것이 문제였던 것이지요."

그렇다면, 동물이나 인간과 같은 복잡한 체계의 구조에 존재하는 작은 차이들이 화학물질이나 약물에 반응하는 방식에서 큰 차이를 만들 수 있으므로, 동물에서 나온 결과를 그렇게 인간으로 연장하는 것은 필연적으로 믿을 수 없다는 비판은 어떤가?

"적절한 자격을 갖추고서 이런 입장을 지니고 있는 사람은 세상에 아마 두세 사람밖에 없을 겁니다"라고 블레이크모어는 대답한다. "미국의 의사들은 99퍼센트가 의학 연구에서 동물을 사용하는 것이 필수라고 말하고 있으며, 영국 의사들은 95퍼센트 이상이 같은 말을 합니다. 동떨어진 의견에 귀를 기울이는 것도 중요하지만, 미국의학협회, 왕립협회, 영국의학협회, 일반의학위원회 모두가 동물 실험은 필수적이라고 한 목소리를 낼 때는, 동떨어진 의견에 너무 많은 비중을 두지 말아야 하는 것은 틀림없습니다."

그렇다면 아마도 그 쟁점을 잠재울 만한, 동물 실험의 중요성을 보여주는 구체적인 사례를 들 수 있어야 하지 않을까?

"거의 모든 것이 예시가 됩니다. 모든 약물, 모든 형태의 진보된 수술, 거의 모든 항생제, 거의 모든 백신, 이 모든 것의 발달에는 어떤 단계에서 동물 시험이 필수적이었습니다. 더 이상의 증거가 있을까요? 법에 의해 모든 약물은 동물에 대한 시험을 거친 후에만 인간에게 사용할 수 있게 되어 있습니다. 지난 100년 동안 개발된 약 가운데 동물을 대상으로 시험하지 않은 약은 단 한 가지도 처방받을 수 없었습니다. 예를 들자면, 모든 것이 다 예가 됩니다. 모든 진통제, 모든 심장병·신장병·암 치료제, 화학요법, 방사선요법, 수술 기법, 우회로 조성술, 심장절개술, 뭐든지 간에 그 연구에는 동물이 관련되어 있습니다."

그렇다면 동물 연구가 믿을 수 없고 불필요하다고 주장하는 사람들의 동기는 무엇일까? 특별한 도덕적 의무를 추구하고 있는 것뿐일까?

"잘 모르겠습니다. 제가 알기로, 레이 그릭Ray Greek* 같은 사람은 자신의 입장은 도덕적인 것이 아니라고 주장했습니다. 그는 의학 연구에서 동물을 사용하는 것에 도덕적 근거로 반대하는 것이 아닙니다. 그는 만일 만 마리의 침팬지를 희생시켜서 에이즈의 치료법을 찾을 수 있다면, 찬성할 것이라고 말해서, 그의 지지자들조차 아연하게 만들었죠. 그리고 그가 내놓는 주장들은 사실에 입각한 것들입니다. 동물 연구는 효과가 없다는 것이죠. 하지만 저는 그가 자신의 견해를 뒷받침하기 위해 인용하는 증거들이 아주 형편없다고 생각합니다. 그가 주로 인용하는 문구들은 저명한 연구자들이 동물 연구의

* 『탐욕과 오만의 동물실험』, 『가면을 쓴 동물실험』의 저자.

가치를 의심하는 것 같은 인상을 주지만 막상 그 인용구의 출처를 직접 살펴보면, 그 문구가 문맥에서 벗어나 사용되고 있으며, 그 문구가 담겨 있는 논문의 진짜 의도는 그 인용구를 사용하면서 지지하려 하는 주장과는 모순된다는 사실을 금세 알 수 있습니다. 저는 이런 것들을 증거라고 부르지 않습니다."

아마도 가장 많은 논란을 일으키는 동물 연구 영역은 영장류와 관련된 영역일 것이다. 영국 안에서 2004년 초 케임브리지 대학이 수십억 원대 영장류 연구소 건립 계획을 중지했다고 공표하면서 그 쟁점이 신문의 헤드라인이 되었다. BBC 방송은 그 프로젝트를 포기하기로 한 결정은 부분적으로 동물복지 입법의 요구조건을 만족시키고 동물보호 활동가들의 공격 위협으로부터의 보호를 위해 필요한 안전장비를 갖추는 데에 들어가는 비용이 점점 더 많아지는 영향 때문이라고 보고했다. 그 결정에 과학계의 많은 사람들이 유감을 표명했다. 예를 들어, 연구변호협회 회장인 마크 매트필드Mark Matfield는 그 일을 '영국 의학 연구에 대한 중대한 타격'이라 부르고, '정부는 극단론자들의 운동에 대처하기 위해 더 강력한 입법조치를 취해야 한다. 그렇지 않으면 극단론자들은 동물 연구에 의존하는 모든 의학에 항구적인 위협이 될 것'이라고 주장했다.

영장류 연구는 어째서 중요한가? 전체 동물 연구의 극히 일부밖에 차지하지 않는데, 그렇게 중요하게 여기는 데에는 아주 특별한 이유가 있지 않겠는가?

"맞습니다. 영장류 연구 허가를 얻으려면 매우 특별한 사정이 있어야 합니다. 연구에 동물이 필수적일 뿐만 아니라, 그 동물이 반드시 영장류여야 하고, 다른 동물로는 대체할 수 없어야 허가를 얻을 수 있습니다. 게다가 고통을 주지 않도록 특별한 주의를 기울여야 합니다. 영장류에게 고통을 주는 실험이라면, 생쥐의 경우보다 허가를 얻기가 훨씬 더 어렵지요. 이용되는 동물의 수와 연구의 목적 역시 고려 대상이 됩니다. 영장류를 이용한 그 연구가 전략적으로 엄청나게 중요한 잠재적 결과를 가져오고, 다른 종을 가지고서는 도저히 해낼 수 없는 연구여야만 허가를 받을 수 있다는 뜻입니다. 여기서 다뤄지는 연구 영역은 주로 세 가지입니다. 내분비학은 호르몬계의 많은 부분에 있어서 인간과 유사한 모델이 원숭이뿐이라서, 신경과학은 영장류와 인간의 뇌 조직이 유사하기 때문에, 또 백신학의 일부 영역에서 특히 예컨대 에이즈 백신을 개발하고자 할 때 영장류가 필요합니다."

유독 영장류를 염려하는 이유는 대개 그들의 인지 능력과 관계가 있다. 특히 그들에게 자기자각, 다시 말해 단순한 의식이 아니라 자의식이 있을 가능성이 있기 때문이다. 예를 들어 철학자 피터 싱어Peter Singer는 저서인 『동물의 권리를 위하여*In Defence of Animals*』에서, 어째서 우리는 거리낌 없이 침팬지들을 영장류 연구 센터에 가두고 고통스러운 실험 대상으로 삼는지를 묻는다. 정신적 능력이 떨어지는 지진아에게 같은 행위를 하는 것은 결코 생각조차 할 수 없는 반면에 말이다. 이러한 차이를 설명하는 것은 종 차별주의뿐이라고 싱어는 결론내린다. 이런 종류의 주장을 블레이크모어는 어떻게 생각하는가?

"저도 그 주장을 알고 있으며, 영장류의 자기자각 같은 것을 보여주는 증거의 본질에 관해서는 마음을 열어놓고 있습니다. 하지만 저는 하나의 강력한 도덕적 원칙을 고수하는 것이 매우 중요하다고 생각합니다. 그 원칙은 우리 종에 대한 책임과 다른 종에 대한 책임 사이에는 분명한 구분이 있다는 것이지요. 대부분의 사람들은 인간의 생명을 구할지 동물의 생명을 구할지 가운데 하나를 선택하라고 하면, 자신의 1차적인 의무는 인류를 향해 있다고 생각할 겁니다. 저는 동물을 아주 좋아하고 평생 동안 애완동물을 길러왔지만, 만일 7년쯤 함께 살아서 가족과 다름없는 우리 고양이와 제 딸의 생명 가운데 선택을 하게 된다면, 한순간도 주저하지 않고 제 딸의 생명을 먼저 구해야 한다고 말할 겁니다. 단 대부분의 사람들이 똑같이 느낄 것이라고 생각하고요. 그들은 물론 동물도 사랑하겠지만, 인간은 그저 완전히 다른 경우라고 보는 거죠."

싱어의 견해에 공감하는 사람은 이런 주장에 대해, 우리로 하여금 인간과 동물을 구분하게 만드는 요소 중 최소한 일부가 영장류에게는 존재하는 반면 중증 장애인에게는 없을지 모른다고 대답할 것이다.

"그것은 지각력만이 문제가 된다는 생각입니다"라고 블레이크모어는 말한다. "하지만 우리의 판단 근거로는 이보다 더 확고한 기반이 필요합니다. 이 모든 주장들은 결국에는 원숭이라면 이럴 것이 틀림없다는 의인화한 결론으로 귀결됩니다. 그러나 이는 피터 싱어 자신이 다음과 같이 주장할 때 범한 것과 같은 심각한 판단의 오류를 낳을 수 있습니다. 그는 지각력의 관점에서 쥐와 물고기 사이에는 어딘가에 그어야 할 선이 있다고 말했지요. 하지만 왜 그래야 할까요? 단지 우리가 물고기의 처지가 되어 물고기의 정신적 삶을 경험할 수 없다고 해서 물고기에게 지각이 없다는 뜻은 아닙니다. 올바른 출발 지점은 신경계가 있는 모든 살아 있는 동물들은 모종의 경험을 할 가능성이 있다는 곳일 겁니다. 그러므로 우리에게는 모든 종에 대해 고통 주는 일을 최소화할 책임이 있지만, 이에 우선해서 우리 자신의 종에 대한 1차적 의무가 있습니다. 이는 매우 평범한 생물학적 원리이죠. 거의 모든 종에서 이 원리를 볼 수 있습니다. 모든 종이 자신의 종을 다른 종과 다르게 취급하니까요."

그래서 블레이크모어는 싱어가 종 차별주의라고 이야기할 때, 종 차별주의를 자신의 입장으로서 기꺼이 인정하는가?

"그것이 바로 제 입장입니다. 하지만 '종 차별주의'가 멸시적인 용어라는 생각은 인정하지 않습니다. 저는 그 입장을 아주 기꺼이 옹호합니다. 누구든지 간에 결국은 선을 그어야 합니다. 어떤 경우든 살생이 정말로 죄이거나 부도덕한 일이라고 믿는다면, 발밑의 작은 곤충들을 걱정하느라 길을 걸어갈 수도 없을 테죠. 그런 입장을 고수하고 있는 극단적인 형태의 불교도 있긴 하지만, 그런 주장을 논리적으로 계속 발전시켜나가면 상황은 결국 우습게 됩니다. 결국에는 미생물들을 다치게 할까봐 꼼짝도 할 수 없을 거니까요. 그러니 반드시 어딘가에서는 선을 그어야 합니다. 유전학과 형태학을 근거로 할 때 유일하게 확실한 선은 우리 자신의 종과 다른 종들 사이에 있습니다.

하지만 우리 종을 특별히 취급하는 것이 정당하다고 해서, 우리에게 다른 종들을 우리가 원하는 방식대로 취급할 수 있는 자격이 있다는 뜻은 아닙니다. 우리 자신의 도덕적 지위 때문에, 우리에게는 나머지 세계에도 도덕적 의무를 지고 있습니다. 단지 이러한 도덕적 의무에, 우리가 다른 종을 대할 때도 인간을 대할 때와 똑같이 책임을 져야 한다는 의미가 자동적으로 포함되지는 않는다는 뜻일 뿐이지요. 그래서 저는 종 차별주의자이고, 그 입장을 옹호합니다."

2003년 말에 블레이크모어는 생체해부를 지지한다는 이유로 기사작위 수여 명단에서 제외되었고, 그 결과 그가 의학연구위원회의 수장으로서의 위치를 고민하고 있다는 기사가 나왔다. 그는 BBC 라디오 4의 프로그램 「투데이」에서 이렇게 말했다. "이 문제는 제가 특별히 명예를 얻을 자격이 있느냐의 여부와는 아무 상관이 없습니다. 그것은 요점을 벗어난 말이죠. 제가 지금 맡고 있는 의학연구 단체의 자기 사명서에는 의학 연구에 속한 쟁점들에 관해 대중과 논쟁하라는 독특한 의무가 들어 있습니다. 그렇지만 제가 어떻게 현재 상황에서, 의학연구위원회 소속 과학자들에게 그들더러 동물 실험에 관해 이야기하는 위험을 기꺼이 감수하라고 요구할 수 있겠습니까? 그렇게 하면 지위가 떨어지고 정부에 밉보이게 될 것이라는 조짐이 있는데 말입니다."

이 상황에 대한 정부의 답변에 그가 힘을 얻었을까? 정부는 동물 연구의 필요성을 전적으로 인정하며, 극단적인 동물권리 옹호론자들과 최전선에서 싸워온 과학자들을 존경하고 지지한다고 표명했다.

"그랬죠. 하지만 사실 훨씬 더 중요했던 것은 과학계와 매체로부터 나온 폭넓은 지지였습니다. 특히 매체의 지지는 상당히 이례적이었고 매우 놀라운 일이었죠. 거의 전 영역의 매체가 동물 실험의 중요성에 강한 지지를 표명하는 성명을 발표했습니다. 그런 의미에서 그 논쟁은 유용한 목적을 달성했다고 볼 수 있습니다. 일종의 국가적 결속을 이룩했으며, 이는 매우 필요한 것이었죠. 이는 대중의 의견에서도 반영되고 있습니다. 최근의 여론 조사는 인구의 90퍼센트가 동물 연구를 지지한다는 사실을 보여줍니다. 다른 주요 쟁점들 가운데 이 정도로 의견 일치가 나타나는 문제는 하나도 없다는 것이 중요합니다. 우리는 여전히 동물 연구라는 쟁점을 마치 크게 논란이 되는 것처럼, 마치 대중이 마음을 결정하지 않은 것처럼 다루지만, 사실 대중들은 이미 명확한 입장을 취하고 있습니다."

블레이크모어가 여기서 언급하는 여론 조사는 특별한 방식으로 조사되었다. 엄밀하게 말해서, 사람들에게 물어보았던 것은 일정한 조건이 충족된다고 가정했을 때의 동물 연구에 관한 의견이었다. 예를 들어, 한 질문은 다른 대안이 없을 경우 의학적 목적을 위한 동물 연구를 인정할 수 있느냐고 물었다. 하지만 동물 연구를 대신할 대안이 있다는 것이 바로 동물권리보호운동가들의 주장이다.

내가 그렇게 말하자, "뭐, 만일 그런 게 있다면, 그렇게 주장하는 사람들이 가져오는 대안을 한 번 봅시다"라고 블레이크모어는 대답한다. "저는 동물 연구에 반대하는 사람들에게서 나올 수 있는 모든 종류의 주장들을 대면했습니다. 저는 단순히 동물 실험의 결과로 나온 모든 종류의 혜택을 원하지 않는다고 말하는 사람들을 대단히 존중합니다. 그들은 이러한 혜택이 있어왔다는 사실을 부인하지 않지만, 동물 실험이 옳지 않다고 생각하기 때문에 그 혜택의 어떤 부분도 원하지 않는다는 입장이죠. 이러한 입장을 유지하기는 매우 어려운 일입니다. 우리 모두가 의학 기술이 발전한 결과로서 건강하게 지내는 것이니 말이죠. 예를 들어, 다른 사람들이 백신을 맞기 때문에, 그리고 공중보건의 중요성에 대한 지식 덕분에 우리 모두가 혜택을 누리고 있습니다. 하지만 저는 이 입장을 이해하고 존중합니다."

"그러나 동물은 인간과 너무나 다르기 때문에 동물 연구는 인간을 이해하는 데 아무 관련이 없다거나, 동물을 대상으로 개발된 모든 치료법은 인간에게 위험하다거나, 동물 연구자들은 자신들이 하는 짓을 즐긴다고, 연구자들은 원래 사디스트라고, 그리고 어쨌거나 동물 연구는 제약회사의 호주머니를 불리는 일에 지나지 않는다고 말하는 사람들은 조금도 존중하고 싶지 않습니다. 저는 일부러 이런 주장들을 풍자하고 있는 것이 아닙니다. 그럴 시간도 없고요. 이 주장들은 이성적으로 옹호할 수가 없습니다. 만일 대안이 있다면, 제발 알려주었으면 합니다. 우리는 정말 대안을 원하고 있습니다. 저는 대안을 사용하고 싶지 않아서 연구에서 동물을 사용하는 연구자를 단 한 사람도 모릅니다. 게다가 여기에는 아주 역설적인 점이 있는데, 실제로 존재하는 동물 연구에 대한 대안들은 이전에 동물을 대상으로 실험을 해온 연구자들이 개발했습니다. 저 역시 그동안 대안을 개발하기 위한 연구비를 받아서 세포조직 배양에 관한 연구도 많이 했고, 제 작업의 많은 부분에서 컴퓨터 시뮬레이션을 사용하기도 하지만, 동물에 대한 실험 역시 해왔기 때문에 무조건 악당이라는 비난을 받고 있죠."

동물 실험이라는 쟁점만이 의학 분야에서 논란이 되는 유일한 영역이 아니다. 예컨대 의학 연구에서 줄기세포, 간단히 말하면 다른 유형의 세포들로 분화할 능력이 있는 세포를 사용하는 것에 관해서도 상당한 대중적 논란이 있다. 블레이크모어에게 줄기세포 연구가 왜 중요한지 물어보았다.

"이 질문에 대답할 때는 과장에 빠지기가 아주 쉽지만, 설사 그렇다 해도 저는 줄기세포의 발견, 그리고 줄기세포가 몸 안에 있는 어떤 유형의 조직으로도 변형된다는 잠재력의 발견에는 의학 치료의 역사에서 가장 중요한 발전들 가운데 하나를 이룩할 가능성이 있다고 말하겠습니다. 가장 중요한 점은 줄기세포 요법으로 치료될 가능성이 있는 병의 종류가 노화 때문에 인구 대비 발생률이 높아지고 있는 현재의 불치병 전 영역에 해당한다는 것이지요. 이 병들은 퇴행성 질환들입니다. 더 이상 제대로 작동하지 않는 조직을 교체할 수 있다는 것은 상상만 해도 매우 흥분되는 일입니다. 파킨슨병, 알츠하이머병, 당뇨병, 심장병, 골질환, 뇌졸중과 암 등도 얼마든지 치료될 수 있을 것이며 이미 동물을 모델로 한 치료법이 존재합니다."

2004년 5월, 의학연구위원회가 일부를 투자한 세계 최초의 줄기세포 은행이 영국에서 문을 열었다. 문을 열 당시에 은행에는 뉴캐슬 팀과 런던 팀이 개발한 두 가지 줄기세포주가 있었다. 이와 같이 서로 다른 줄기세포주를 저장하는 일에 담긴 의미는 무엇인가?

"줄기세포주를 여러 개 저장하는 이유는 사실 수없이 많습니다. 주된 이유는 세포들의 유형을 맞추기 위해, 다시 말해 줄기세포의 성분과 구조를 이해해서 균일한 표준을 제공하기 위해서입니다. 아마 각기 다른 면역 특성을 지닌 서로 다른 줄기세포주가 백 가지나 2백 가지만 있으면, 이식이 필요한 거의 모든 사람에게 일치하는 조직 유형을 제공할 수 있을 것으로 추정하고 있습니다. 혈액형을 맞추는 일이나, 기관 이식을 위해 조직의 유형을 맞추는 일과 비슷합니다. 반드시 제대로 일치하는 것을 찾아야 하죠. 이것이 하나 이상의 세포주를 수집해야 하는 주된 이유입니다."

"또 다른 이유는 특정한 종류의 성체 조직으로 변환되는 능력이 다른 줄기세포주에서 더 훌륭할지도 모르기 때문입니다. 우리가 아직 줄기세포의 기본적인 생물학을 충분히 알지 못해서 확실히는 모르지만, 모든 줄기세포를 배아로부터 0일에서 14일 사이의 비슷한 발달 단계에서 얻더라도, 어떤 세포주는 다른 기관보다 예를 들어 심장이나 뇌로 더 잘 변환될 겁니다."

줄기세포 연구에 대한 도덕적 반대에서 목소리를 높이는 경향이 있는 사람들은 주로 줄기세포를 얻을 때 배아를 사용하는 데 반대하는 사람들이다. 예를 들어 반낙태 자선단체인 '라이프'의 대변인 패트릭 커스워스Patrick Cusworth는 줄기세포 연구에서 배아를 사용하는 것이 '인간의 생명을 약품과 다를 바 없는 것으로 전락시킨다'고 주장했다. 블레이크모어는 이런 종류의 주장을 어떻게 생각하는가?

"글쎄요, 저는 앞에서 우리가 다른 인간들에게는 특별한 태도를 지녀야 한다고 말했으므로, 이 주장에서 결정적인 것은 우리가 사람을 어떻게 정의하느냐일 겁니다. '라이프'를 지지하는 집단은 수정란이 인간이라고 말할 겁니다. 저는 이를 받아들이지 않습니다. 완전한 DNA를 갖추고 한 인간으로 변환될 능력이 있는 세포는 무엇이든지 한 사람으로 여긴다면, 인체에 있는 모든 세포가 한 명의 사람입니다. 우리는 이제 복제양 돌리의 경험에 비추어, 성체 체세포, 예를 들어 피부에서 얻은 세포에서 핵을 꺼내 그 핵을 빈 난자에 집어넣으면 그 세포가 인간을 자라나리라는 사실을 알고 있습니다. 그러면 우리는 피부 표면에서 벗겨지는 세포 하나하나를 모두 걱정해야 할까요? 그 세포들 하나하나를 마치 사람인 것처럼 취급해야 할까요? 당연히 아닐 겁니다. 우리가 알아야 할 것은, 신경계가 형성되기 시작하기 이전의 배아는 분명히 한 다발의 세포에 지나지 않는다는 사실입니다."

배아로부터 얻은 줄기세포를 사용하는 연구에 반대하는 사람들은 그 줄기세포의 실용성을 증명하는 과학적 논거가 없다고 주장하기도 한다. 성체 줄기세포만으로도 충분할 것이라고 말이다. 이 주장에 진실성이 있는가?

"이는 동물권리보호운동가들이 동물 실험의 대체수단에 관해서 하는 주장과 아주 비슷하게 들리는군요"라고 블레이크모어는 대답한다. "제 대답은 성체 줄기세포를 사용해서 진행되는 심장 수술을 보여달라는 것이죠. 그런 방법은 아예 존재하지가 않습니다. 물론, 미래에 언젠가는 성체 줄기세포를 채취하는 것이 올바른 행동이 되겠죠. 성체 줄기세포의 큰 장점들 가운데 하나는 자가이식을 할 수 있다는 점입니다. 어떤 환자에게서, 말하자면 골수 줄기세포나 코의 신경 줄기세포와 같은 세포들을 채취해서 충분한 숫자가 되도록 증식시킨 다음, 그 세포를 이용해 그 사람이 겪고 있는 문제를 처리하는 데 사용할 수 있다는 말이지요. 이런 상황에서는 조직 유형을 맞추는 어려움이 전혀 없습니다. 조직 유형이 완벽하게 일치할 테니까요. 하지만 지금 당장은 우리에게 이렇게 할 수 있는 전문기술이 없습니다. 우리는 줄기세포에 관해 더 많이 알아야 할 것이고, 이 지식은 배아 줄기세포 연구로부터 나올 것입니다. 하지만 언젠가는 성체 줄기세포를 이용할 수 있게 되기를 바랍니다.*"

어떤 사람의 병이 유전자 돌연변이로 인한 것이라면 어찌 되는가? 예를 들어 헌팅턴병과 같은 병은 환자 자신의 줄기세포로 치료하기가 쉽지 않을 텐데?

"어떤 사람이 돌연변이된 유전자를 지니고 있다면 그 돌연변이 유전자가 줄기세포 안에도 존재하는 것은 사실입니다. 하지만 그

* 배아 줄기세포는 윤리적인 문제와 더불어 난자를 대량으로 채취해야 하는 문제가 있기에 현재는 성체 줄기세포가 보다 주목을 받고 있다. 2008년 11월에 성체 줄기세포를 이용한 기관지 복제 이식 수술이 성공했고, 약 20년 뒤쯤에는 간, 심장 등의 주요 장기를 이식할 수 있는 수준까지 발전할 것으로 보고 있다.

렇다고 해서 반드시 자신의 줄기세포를 치료에 사용할 수 없다는 뜻은 아닙니다"라고 블레이크모어는 말한다. "헌팅턴병은 우성 유전자로 유발되는 병입니다. 그럼에도 그 증상들은 35세나 40세가 될 때까지는 나타나지 않습니다. 태어날 때부터 그 유전자를 지니고 있어도 뒤늦게 가서야 발현하는 것이지요. 문제들은 점진적으로 누적됩니다. 그러므로 만일 헌팅턴병이 있는 사람에게서 신경 줄기세포를 추출한 다음 새로운 신경세포로 변환시킨다면, 새로운 세포들 역시 스스로 증상을 드러내기까지는 오랜 세월 동안 버틸 것이라고 예상할 수 있습니다. 유전적 질환도 치료 가능성이 있습니다."

"줄기세포에서 강조해야 할 것들 가운데 한 가지는 줄기세포가 병의 본질에 관해 훨씬 더 많은 통찰을 제공할 것이라는 점입니다. 줄기세포는 단순히 새로운 치료법을 개발하는 문제에서 그치지 않으며, 병을 이해하는 과정까지 나아가게 합니다. 예를 들어, 줄기세포는 암의 과정을 이해하는 데 도움을 주고 있죠. 왜냐하면 암세포와 마찬가지로 줄기세포도 영원히 죽지 않기 때문이죠. 또한 줄기세포의 이해는 인간 배아의 정상적인 발달에 대한 이해에도 도움을 줄 것입니다. 어떤 기관이 될지 아직 역할이 정해지지 않은 세포들을 역할이 정해진 세포들로 변환시키는 규칙이 무엇인지 알게 될 것이라는 말입니다. 마지막으로 우리는 유전적 결함을 지닌 사람들의 줄기세포를 연구함으로써 어떤 병들의 본질에 관해 배울 수 있습니다."

줄기세포 연구 같은 것에서 나오는 기법이 도움을 줄 수 있을지 모르는 병에 시달리는 사람들에게는, 의학 연구의 전 과정이 절망적일 만큼 느리게 보일 수 있다. 대개의 경우 이는 피할 수 없는 일이다. 과학적 진보는 쉽게 오지 않으니까 말이다. 그러나 점점 자라나는 고질적인 관료주의가 의학 연구를 방해하고 있다는 주장도 있다. 블레이크모어도 이 견해에 공감하는가?

"네, 저는 정말 그 문제가 큰 문제라고 생각합니다"라고 그는 대답한다. "말씀하셨듯이 우리의 의학 연구는 점점 더 감당하기 힘든 관료적 절차라는 부담을 지고 있습니다. 그 절차들 하나하나가 매우 합리적으로 보이지만, 한데 모아놓으면 의학 연구자들에게는 너무나 터무니없이 무거운 짐이 되지요. 예를 들어, 많은 사람들은 임상시험에 대한 유럽의 새 지침이 더 많은 규제를 도입하여 신약의 개발이 크게 축소될 것이라고 예측하고 있습니다. 현재 영국 의회를 통과 중인 인간조직법안Human Tissue Bill은 과학자들이 일상적인 익명의 진단 시험에서 얻는 정보를 사용하는 일마저도 매우 어렵게 만들 수 있습니다. 물론 그 법안은 브리스톨 왕립병원과 올더헤이 병원에서 일어난 끔찍한 사건들*에서 비롯되었습니다. 그 사례들에서 문제가 된 것은 아기들의 머리가 여러 해 동안 냉장고에 방치되어 있었다는 사실이었고, 물론 이는 소름끼치는 일이었죠. 하지만 그렇다고 우리가 익명의 공중보건 선별검사로부터 수집해온 소변이나 타액까지 사용할

* 1996년, 브리스톨 왕립병원에서 4년 전 심장수술을 받다 숨진 딸의 의료 기록을 요구한 어머니가 병원 측이 딸의 심장을 부검 후 동의 없이 보유하고 있었다는 사실을 알게 된 것을 계기로 올더헤이 병원 등에 사람의 장기들이 불법으로 다량 보유되어 있다는 것이 알려진 일련의 사건들.

수 없게 해야 한다는 생각은 터무니없습니다. 저는 정부가 이를 바로잡기를 바랍니다. 지금도 많은 논의가 진행 중입니다. 문제는 도입하는 규제의 강도 면에서 극단으로 가는 경향이 있다는 점이죠. 저는 우리나라에 있는 법의 형식을 지지하지만, 그 법이 집행되어온 방식이 연구자들에게 엄청난 짐이 되어왔으며, 의학 연구를 위기에 몰아넣고 있습니다."

블레이크모어는 의학 연구를 둘러싼 여러 쟁점과 논란들이 어떻게 풀려나갈 것이라고 보는가? 미래에 관해 낙관하는가?

"저는 우리가 역사에서 교훈을 얻을 필요가 있다고 생각합니다. 저는 최초의 심장 이식이 이루어진 후에 교회, 시민 중의 자유주의자, 의료윤리학자, 동물권리보호 운동가들이 맹렬히 비판했던 것을 기억합니다. 사람들은 원래의 연구가 돼지를 대상으로 이루어졌다고, 그 절차가 위험한 실험적 기법이라고, 환자들은 이식을 강요당하고 있는지도 모른다고 항의했습니다. 우리가 지금 듣고 있는 것과 똑같은 종류의 주장들이 그때도 펼쳐지고 있었던 것이지요. 하지만 오늘날 사람들은 심장 이식이 의학의 기적이라고 생각합니다. 대중은 그 절차를 완전히 용인하고 있고요. 사회적·도덕적 태도는 절대적인 것도 고정된 것도 아닙니다. 명백한 이익이 있다면 대중은 태도를 바꿉니다. 저는 만일 우리가 계속해서 대중에게 정보를 주면서 점진적으로 앞으로 나아가면, 이익들이 쌓여감에 따라 그 쟁점들은 점점 더 논란거리에서 벗어나리리라고 봅니다. 저는 정말로 의학 연구의 미래에 지극히 낙관적입니다. 기초 생물 연구에 대한 지난 50년의 투자가 인간의 건강과 사람들이 누리는 삶의 질 영역에서 커다란 보답을 할 것입니다."

10. 위기의 과학

• 노먼 레빗과의 인터뷰

노먼 레빗Norman Levitt

루트거스 대학의 수학 교수. 『고등미신: 학문적 좌익과 과학의 불화*Higher Superstition: The Academic Left and Its Quarrels with Science*(폴 그로스 공저)』와 『귀신들린 프로메테우스: 과학과 현대 문화의 모순*Prometheus Bedeviled: Science and the Contradictions of Contemporary Culture*』의 저자이며 『과학과 이성으로부터의 도주*The Flight from Science and Reason*』의 공저자이다.

WHAT SCIENTISTS THINK

1996년 5월 18일, 물리학자 앨런 소칼Alan Sokal이 〈뉴욕 타임스〉의 첫 페이지를 장식했다. 오늘날 그가 유명해진 이유는 잘 알려져 있다. 그는 손꼽히는 문화학 학술지인 「소셜 텍스트*Social Text*」를 감쪽같이 속여서 대학의 인문학과들에서 이루어지는 연구 대부분의 주요 특징인 상대주의, 즉 모든 것은 특정한 문화나 담론과 비교해서만 옳거나 그르다는 생각을 풍자하는 가짜 논문을 게재한 것이다. 그러나 이 속임수에 영감을 준 것이 바로 폴 그로스Paul Gross와 러트거스 대학의 수학자 노먼 레빗이 함께 쓴 『고등미신』이라는 책이었다는 사실은 덜 알려져 있다.

그로스와 레빗의 책이 표적으로 한 것은 문화학, 문학론, 과학학과 같은 분야들에서 과학을 고의적으로 잘못 이해하고 해석하는 전형적인 실태였다. 레빗에게 애초에 어째서 이런 종류의 문제에 관심을 가지게 되었는지를 물어보았다.

"학문적 인문학자들의 이상한 습성이 처음 제 주의를 끈 것은 미국에서 있었던 폴 드 만Paul de Man 사건이었습니다"라고 그는 대답한다. "폴 드 만은 예일 대학의 저명한 문학 연구자였습니다. 그는 영문학과들에서 필수인 해체구성deconstruction을 고안한 사람입니다. 그는 원래 벨기에인이었는데, 죽은 뒤에 제2차 세계대전 동안 그가 나치에 협력했다는 사실이 드러났습니다. 신문잡지에 나치를 지지하는 글들을 썼었죠. 하지만 그는 한 번도 이 사실에 관해 고백한 적이 없었습니다. 오히려 미국에 와서는 자신이 그동안 저항 활동을 했던 것처럼 행세했죠."

"그의 행각이 죽은 뒤에야 불거져 나왔다는 사실은 충분히 문제가 될 만한 일이었죠. 하지만 그때에는 그의 모든 제자와 예찬자들, 떠올릴 수 있는 문학계의 모든 인물들과 수많은 역사가와 사회 사상가들까지 모두 결집해서 그를 변호하는 일이 벌어졌습니다. 인간적인 어리석음을 냉철하게 돌아보는 것이 올바른 대응이었을 텐데, 그러는 대신 그들은 신비화와 위선과 아둔함의 길로 빠져들었죠. 그들이 드 만을 변호하면서 벌인 주장 하나는 이랬습니다. '드 만은 나치를 지지하고 유대인에 반대하는 글을 씀으로써, 문득 낯설고 기이하게 만드는 어떤 해체구성적 속임수를 써서, 실제로는 나치주의와 반유대주의를 고발한 것이다!' 정말 어처구니가 없더군요."

"저는 이 일을 교정의 맞은편에서 지켜보면서 매우 이상한 일이 진행되고 있다는 증거라고 생각했습니다. 그때 제가 있던 대학은 미국의 다른 많은 대학들과 더불어 문화학 센터를 세웠습니다. 그들은 첫 해의 관심을 과학에 쏟겠다고 결정했습니다. 여기서는 과학문화학과 새로운 과학사회학을 뜻하는 것이므로, 브루노 라투어Bruno Latour나 다나 해러웨이Donna Haraway와 같은 사람들을 이야기하고 있는 것이지요. 어떤 선전 전단이 돌았는데, 제 생각에는 아마도 이과대학에서는 저만이 그 전단을 봤을 겁니다. 저는 그 내용에 약간 발끈해서, 동네의 심술쟁이이자 반대자로서 거기에 참여해야겠다고 마음먹었습니다."

"결국 그들은 제가 주변을 어슬렁거려도 좋고, 한 마디쯤 거들어도 괜찮을 것이라고 결정했습니다. 그런데 과학과 관련된 문화학을 하는 사람들이 이야기해야 한다는 내용을 들으면 들을수록, 뭔가 아주 부실한 학문이 진행 중이라는 확신이 점점 더 커지더군요. 그들은 대부분 과학은 실체가 없는, 어떤 이데올로기의 구조물이라는 주장에 전념하고 있었습니다. 이런 주장들에 갈수록 더 짜증이 나서, 그에 관한 책이나 한 권 써볼까 하는 생각이 들었죠. 그때 두 가지 일이 시동을 걸었습니다. 첫째는 제 딸이 큰 병이 들었는데, 이 병이 2,30년 전이면 거의 목숨을 잃었겠지만 이제는 치료할 수 있게 되었다는 사실이었습니다. 과학에는 정말 사람의 생명을 좌우하는 중요한 점이 있다는 자각이 들었습니다. 둘째는 폴 그로스가 쓴 몇 편의 글을 읽은 일이었습니다. 그의 글이 유사한 주제를 다루었으므로 저는 그에게 편지를 쓰고, 연락을 주고받으면서 그도 대학에서 저와 매우 유사한 경험을 했다는 사실을 알게 되었죠. 우리는 이런 주제로 책을 한 권 쓰면 재미있겠다고 생각했고, 『고등미신』이 바로 그 결과물이었습니다."

『고등미신』에 대한 공통적인 반응은 그 책이 좌익적 사고에 대한 우익의 공격이라고 여기는 것이었다. 하지만 이 비판은 잘못된 것이 아닌가?

"절대로 그건 아닙니다"라고 레빗이 맞장구친다. "저는 평생의 대부분 동안 정치에 흥미를 가지고 있었지만, 정치적으로는 좌파입니다. 그리고 폴도 저도 특정 이데올로기의 주창자가 아니고요. 저에게 정치적 의제가 있었던 것은 사실입니다만 그 의제가 우리가 일반적으로 혐의를 받고 있는 그런 사항은 결코 아닙니다. 제 주장은 좌파가 스스로 소외되어 터무니없는 생각과 순환논리에 묻혀버리고 있다는 염려에서 비롯된 것입니다. 그와 함께 좌파가 정치와 현실과의 접촉으로부터도 멀어지고 있다는 생각이 들었습니다. 미국에서는 정체성 정치Identity politics*와 과격한 페미니즘이 이 흐름의 일부였지요. 그리고 저는 이에 몹시 당황했습니다. 그런 것은 현실 세계의 일에 실제로 영향을 미치려는 소망과는 멀어지는 일이었으니까요."

이는 앨런 소칼이 표명한 의도와 매우 유사해 보인다. 소칼은 '유행하고 있는 자기 분열로부터 좌파를 보호하기'를 원했고, 그를 위해 '좌파의 계몽적 뿌리를 되살릴 것'을 촉구했다.

"사실 그것이 완전히 우연의 일치인 것만은 아닙니다"라고 레

---

* 인종, 성 등 부당한 대우를 당하는 소수자 집단의 정체성 표현과 권익 강화에 초점을 둔 정치 행위.

빗은 설명한다. "소칼은 우리의 책을 읽고 제게 편지를 써서, 자신도 우리 책이 좌파에 대한 공격의 일부가 아닐까 의심했지만, 자료를 검토해보고서 실상은 우리가 말한 것보다 상황이 훨씬 더 나쁘다는 결론에 도달했다고 말했죠. 그는 교내의 좌익 지식인들이 일종의 과대망상에 빠져들고 있다고 보았으며 그래서 그런 짜깁기 논문을 쓴 것입니다."

『고등미신』에서 그로스와 레빗은 인문학과 사회과학의 온갖 분야 안에서 나타나는 학문적 좌익의 어리석음을 조심스럽게 기록했다. 그렇다면 레빗은 자신의 학생들을 가르치면서 학문적 좌익이 영향을 미친다는 징조를 본 적이 있는가?

"저는 포스트모더니스트들의 선교자적인 열정이 적어도 표적으로 삼은 학생 집단과 관계되는 한에서는 큰 역효과를 가져왔다고 생각합니다. 학생들과 이야기해보면 그들은 신입생 작문 과정 같은 것에서 배우는 종류의 너절한 내용들을 상당히 질색해하더군요. 그 과정은 그동안 포스트모더니즘 설교가 이루어지는 주요 현장이었지만, 지난 몇년 동안 수그러들었습니다. 그렇지만 저는 얼마 전에 순전히 다문화주의를 찬송하는 부흥회였던 어떤 강좌에 초빙되어 간 적이 있습니다. 그 과정의 관리자는 선의로 주선한 일이었지만, 제가 수업에서 이집트인들이 특별히 흑인은 아니었다고 언급하자, 격분한 흑인 학생들의 고함이 들려왔습니다. 그들은 이집트인들이 위대한 흑인 문명인이라고 들어왔던 것이죠. 실제로 이것은 아프리카중심주의 세계관을 규정하는 기준선의 하나입니다. 유럽인들이 지중해를 건너 넘어와 흑인 세계, 그들 생각으로는 주로 이집트에서, 서구 문명을 이루는 모든 것을 훔쳤다는 것이죠. 저 자신도 고대 이집트인들에게 아주 감탄하는 편이지만, 그들을 옹호한다고 만들어낸 주장들 일부는 말도 되지 않습니다."

"문제는 이러한 역사관을 중심으로 그동안 엄청난 양의 세뇌가 있었다는 점입니다. 그리고 많은 사람들이 그 내용을 믿어왔고요. 이 학생들은 교육적 배경이 열악한 열여덟 살이나 열아홉 살 정도의 아이들이었고, 증거와 주장을 비판적으로 생각하는 데 익숙하지 않았죠. 저는 이 특별한 학급에게, 서아프리카에서 강철 제조 기술을 사용했던 일을 이야기해주려고 했습니다. 강철 기술의 사용은 기원전 3세기나 4세기쯤의 일이었고 정말로 주목할 만한 일이죠. 하지만 그 흑인 아이들은 들으려고 하지 않았습니다. 일단 제가 이집트인은 서아프리카 흑인과 관계가 거의 없었다고 말하자 반감을 느끼며 격분했고 그것으로 끝이었습니다."

학문적 좌익의 사람들이 목소리를 높이는 과학 비판의 많은 부분은 다음과 같은 논리에 입각한 것이다. 과학 역시 어쩔 수 없는 하나의 사회 과정으로, 권력 관계, 편견 등 다른 사회과정이 포함하는 모든 것을 동반한다. 그러므로 과학의 진리가 주장하는 것도 필연적으로 특정한 맥락과 배경에 따라 편파적이고 상대적이라는 것이다. 레빗에게 이런 주장을 어떻게 생각하는지 물었다.

"분명 그 주장에는 상식적인 내용이 일정 부분 담겨 있습니다"라고 레빗은 대답한다. "과학 안의 모든 것이 청렴한 증거와 공평무사한 주장으로만 되어 있는 것은 아닙니다. 더러운 일도 많고, 큰 목소리로 싸우는 일도 많죠. 예를 들어 수학에서는 주로 누가 먼저 공식을 발견했느냐를 두고 뿌리 깊은 원한을 지니고 큰 논란을 벌이는 모습을 볼 수 있습니다. 모든 논란이 쉽게 해결되는 것도 아닙니다. 어떤 것은 몇 년을 두고 질질 끌기도 합니다."

"하지만 놀랍게도 그 가운데 많은 것은 상당히 쉽게 해결됩니다. 사람들은 반대되는 증거가 쌓이면 상당히 빠르게 입장을 포기하죠. 이따금 프레드 호일Fred Hoyle의 정상우주론*에 대한 신념 같은 것을 만나긴 합니다. 그는 정말로 그 이론에 반하는 증거가 누적되었다는 사실을 결코 인정하지 않았죠. 하지만 이는 특이한 경우입니다. 사람들은 보통 자신의 이론에 막무가내로 집착하지는 않습니다."

과학에서 확립된 사실들, 예를 들어 '뜨거운 공기는 위로 올라간다' 같은 사실의 경우는 어떨까? 이런 종류의 사례에서는 구성주의 이론**이 전혀 맞지 않을까?

"완전히 맞지 않습니다. 불확실한 사실들이 많고 어떤 특정한 상황에서는 누군가 강제하고 권력을 휘두르면 잠시 동안은 그 분

* 빅뱅 이론에 반해서 우주는 시간이 가도 변하지 않는다는 이론. 우주 팽창의 증거가 나타나면서 틀린 것으로 판명되었다.

** 지식은 절대적인 것이 아니라 사고하는 개인 자신의 경험을 기초로 구성된다는 이론.

야를 휘어잡을 수 있기도 합니다. 하지만 조금 있으면 진실은 드러나기 마련입니다. 과학적 사조의 주요 부분은, 젊은이는 언제나 노인을 뛰어넘기를 원하고, 조만간 대개는 곧 더 나은 이론들이 앞으로 치고 나간다는 것입니다. 그럴 때면 보통 노인들은 이렇게 말할 겁니다. '이런, 그게 바로 내가 그동안 줄곧 말하려던 것이야!'"

많은 사람들은 과학이라 함은 검증 가능한 이론과 가설들을 다룬다는 것이며, 증거가 나타났을 때 그 이론에 비추어봐서 이론을 존속시킬 것인지 폐지할 것인지 결정할 수 있는 것이라고 본다. 이 부분이 인문학에서 이루어지는 종류의 연구와 과학이 다른 점일까?

"그렇습니다. 그것이 과학의 커다란 한 부분입니다. 하지만 그렇지 않은 영역들도 있습니다. 예를 들어, 양자역학에 관해서는 거의 모든 물리학자들이 저마다 생각이 다를 겁니다. 왜냐하면 경험적인 실험으로 어느 한 이론을 결정하기가 거의 불가능하기 때문이죠. 이것은 크나큰 좌절입니다. 기초 수준에서 무슨 일이 일어나고 있는가 하는 점에서는 정반대의 입장인 물리학자들도 실험 결과에 관해서는 완전히 동의할 겁니다."

"그러나 이 상황에서 사람들은 실제로 1인 2역을 하고 있습니다. 자연과학으로서의 물리학에 관해서는 아무런 불화도 없습니다. 하지만 물리학에 함축된 철학적 의미라면, 적어도 당분간은 누구든지 다르게 생각할 수 있죠. 이는 정말 아주 흥미로운 일이지요. 어떤 질문들은 경험적 수단으로 다룰 수 없습니다. 데이터와 일치하는

가능성 있는 해석이 너무도 많기 때문이죠. 이런 상황에서는 기질적 또는 철학적 성향의 쟁점들이 데이터 해석 방식에 한몫을 합니다."

"하지만 이 경우는 매우 특별한 상황이라는 점을 이해하는 것이 중요합니다. 양자역학에서 제기되는 질문들은 물론 아주 흥미롭기는 하지만, 우리가 예컨대 상대성 이론이 양자역학과 어떻게 공존하는가 같은 질문을 결코 이해하지 못한다면 결국 아무것에도 영향을 미치지 않을 겁니다. 실질적인 결론이 없는 것이죠. 이것이 문제의 일부분입니다. 어떤 일이 일어나고 있는지 알기 위한 실험을 고안할 수가 없어요. 이 영역을 고민하는 사람들에게는 매우 실망스러운 일이지만, 사실 많은 물리학자들은, 그리고 화학이나 생물 계통에 속하는 많은 사람들도 분명 이 점을 그다지 신경 쓰지 않을 겁니다. 그들은 그저 이해할 수 없다는 듯이 이 논란들을 하찮게 바라보는 경향이 있죠."

과학적 진실이 필연적으로 문화적 맥락 사이에 위치한다는 주장을 더 많이 하기는 하지만, 학문적 좌익은 자본주의, 대기업과 과학을 연관 짓기도 한다. 그들은 여기서 어떤 혐의를 발견한 것 같다. 예를 들어 2000년 4월 8일자 「더 란셋*The Lancet*」에서 캘리포니아 대학 샌프란시스코 캠퍼스의 연구자들은, 담배 산업이 비흡연자의 폐암에 관한 연구의 진행을 주의 깊게 지켜보고 거기에 개입하려 했다는 증거가 있다고 보고했다. 물론 이 보고는 어떤 과격한 상대주의적 결론도 제시하지 않지만, 특정한 과학자가 어떤 이론을 채택할 것인가를 결정하는 데 때때로 권력과 정치가 어떤 역할을 하리라는 것은 그럴 법해 보인다. 예를 들어 어떤 연구를 한 담배회사가 후원하고 있다면, 그 회사의 마음에 드는 결과가 나올 가능성이 더 높지 않겠는가?

"유감스럽게도 오늘날 제도 과학은 그런 식으로도 기능하고 있으며, 그것은 걱정스러운 면입니다"라고 레빗이 동의한다. "미국에는 상업적 압력이 엄청나게 많고, 사기업과 대학 연구자들 사이에 협정이 있는 곳에서는 일이 나쁜 쪽으로 비뚤어질 수 있습니다. 그동안 미국 법의 거의 알려지지 않은 측면을 이용해서 연구자들의 입을 막으려 한 회사의 음모들이 많았습니다. 그리고 그 위협은 정말로 실재합니다. 연루자들 가운데에는 미국 대학들도 들어갑니다. 이익이 되는 거래를 하려는 그들의 열망이 종종 양식과 학자의 양심을 뛰어넘는 거지요."

"하지만 학문적 좌익이 이 문제를 이야기하는 것이었다면, 저는 결코 그들을 특별히 적으로 여기지 않았을 겁니다. 그러나 그들이 말하고 있는 것은 그 문제가 아니었지요. 어떤 사람들은 그 문제에 관해 좌파의 입장에서 말하고, 과학계에서도 많은 염려가 있기는 하지만, 정말로 그런 문제가 후기구조주의자, 사회구성주의자, 페미니즘 인식론자 등등의 의제는 아니었습니다."

그렇다면 이 문제에 해답은 있는가?

"쉬운 해결책은 없지만, 우선은 그 문제에 맞서 버티고 있는 좀더 부유한 대학들 일부와 함께 출발해야 합니다. 그들은 그럴 만한 여력이 있지요. 문제는 중간쯤 되는 대학들입니다. 그들은 이익이 되는 거래의 유혹에 더 취약하고, 그렇기에 실제로 모든 것을 왜곡시키는 결과를 낳게 됩니다. 과학 이론의 관점에서라기보다는 누가 고용되는가, 그들이 무엇을 하게 되는가, 연구가 상업적으로가 아니라 과학적으로 왜 중요한가, 결과를 발표할 것인가 말 것인가의 맥락에서의 왜곡 말입니다. 주가에 악영향을 준다고 해서 사람들이 결과 발표를 금지당한 악명 높은 사례들이 존재합니다. 이는 여러 과학계가 촉각을 세워온 문제입니다. 싸우는 일이 되겠지만, 반드시 해야 할 싸움입니다."

이를 향한 학술지의 태도는 어떤가? 그들은 이런 종류의 힘들이 작용하고 있다는 사실을 아는가?

"학술지들은 여러 가지 사항들에 대해서 약간 더 엄격해졌습니다. 특히 몇몇 추문이 폭로된 이후에 더욱 그랬죠. 사람들은 검정 기준의 중요성, 상업적인 투자가 관련되어 있을 때는 높은 수준의 검토가 필요하다는 사실, 끊임없이 반복되는 복수 저자 논문의 문제를 잘 알게 되었습니다. 예를 들어 생의학 분야의 체계는 단연 봉건적이죠. 그곳은 최악의 직권 남용이 저질러지는 현장이었습니다. 그곳의 사람들은 실험실 책임자들의 마음에 들기 위해서는 어떤 명령이든지 시키는 대로 해야만 했죠. 수학은 그 스펙트럼의 반대편 극단에 있습니다. 갓 스무 살짜리 유망주의 방자함을 다 받아주며, 연장자들이 흔히 자진해서 가르치는 수고를 떠맡으려 합니다. 젊은 사람들을 시간 제약에서 풀어주어 그들 개인의 연구를 시작할 수 있게 해주려고 말이죠."

『고등미신』을 관통하는 중심 주제들 가운데 하나는 인문학에 종사하는 사람들의 과학 지식 수준이 어지간히 형편없다는 내용이다. 그 내용이 옳다면, 전체 인구 가운데 일반적으로 과학 교양이 부족함을 반영하는 것일 터이다. 예를 들어 2001년에 실시한 미국 국립과학재단의 여론 조사는 응답자의 25퍼센트가 지구가 태양 주위를 도는 것이 아니라 태양이 지구 주위를 돈다고 생각한다고 밝혔다. 이런 내용들이 레빗을 근심하게 만드는가?

"저는 학계의 실생활에서 나타나는 현상들이 더 일반적인 사회 현상을 그 나름의 색채로 반영하고 있는 것이라는 관점을 가지게 되었습니다"라고 그는 대답한다. "사람들은 과학이 매우 중요하다는 느낌은 가지고 있지만, 그리고 사람들이 그렇게 생각하는 것도 당연한 일이지만, 과학의 개별 항목을 학습하는 어려움 때문에 욕구불만이 있습니다. 저는 이것이 바로 과학학이라는 이론적 하위문화, 이렇게 말해도 괜찮다면, 전문지식을 가장하는 학문이 싹튼 부분적인 이유라고 생각합니다."

"이는 다양한 방식으로 대중문화와 정치에도 일어나고 있습니다. 사람들은 자신이 알기에 중요하고 자신에게 영향을 미치는 무언가에 최소한 주관적으로라도 어느 정도 개입하고 싶어 하지만, 일정한 개념적 수준에서는 진정으로 통달하지 못합니다. 그래서 우리는 과학기술 문제나 건강 문제에 관해 이런 저런 주장들을 역설하면서, 과학 전문용어를 빌려다가 뒤엉키게 만들어서 유사과학으로 만들어내고 있는 대중운동들을 많이 볼 수 있습니다. 그리고 때로는 더 잘 알 만한 사람들이 부끄러울 정도로 여기에 동참합니다. 예를 들어 미국에는 아주 존경할 만한 병원이면서 대체의학과가 딸려 있는 곳이 많이 있지요."

레빗은 유럽에서 일어났던 유전자변형식품에 대한 시위가 이 현상을 대변한다고 언급한다. "그것은 매우 흥미로운 일입니다. 어째서 그렇게 많은 우려를 조장했을까요? 많은 것들이 연관되어 있습니다. 매리 더글라스Mary Douglas는 그녀의 책 『순수와 위험』에서, 어떤 '자연적인' 경계가 있어서 이를 위반하면 대가를 치르게 된다는 가정이 여러 문화에 존재한다는 생각을 내놓았습니다. 유전자변형식품에 관한 대부분의 불안감 아래에는 분명 이런 생각이 깔려 있습니다."

"유전자변형기법을 찬성하는 논지는 명백합니다. 가장 큰 목소리로 불평하는 사람들은 가장 잘못 생각하고 있는 사람들이죠. 실제적인 생태학적 관점에서, 환경에 대한 압력이 오는 이유는 영세농민들이 먹고살 수가 없기 때문입니다. 그들은 몇 년 동안 농작물 경작을 버텨줄 땅을 찾아 끊임없이 이동해야 합니다. 그런 행위가 열대우림을 파괴하고 있습니다. 미개지와 그곳의 생물상 보존을 걱정한다면, 가진 땅을 최대한 이용하는 경작 방법을 찾아야 할 것이고, 가난한 나라들에서는 기계화 시설을 이용하는 방식은 쓸 수 없을 겁니다. 유전자변형품종을 이용해야 합니다."

그래서 과학자들이 과학적 교양을 갖춘 인구가 부족하다는 문제를 중점적으로 다루는 것이 바람직한가? 과학 교양의 보급에 더 힘쓴다면 유전자 변형작물과 같은 것들에 관해 더 이성적으로 생각하게 될까?

"어려운 질문입니다. 과학 교양 습득을 위해 쓸 수 있는 시간과 에너지가 얼마나 될까요? 또 어떤 의미에서, 어설픈 지식은 위험합니다. 가장 유독한 활동은 흔히 과학의 언어를 약간만 아는 사람들이 이끕니다. 사람들의 지식을 늘린다고 해서 그들이 이 쟁점들에 관해 더 합리적으로 사고하리라는 보장은 전혀 없습니다."

"저는 사실 전체 상황에 관해서는 매우 비관적입니다. 몇 년 전, 미국 연방 판사들의 총회에서, 과학이 관련된 다양한 사건들에서 정보에 근거한 판결을 내리기 위해서는 과학의 어떤 점을 알아야 하는가를 주제로 강연을 한 적이 있습니다. 분명 아주 총명하고 매우 열심히 공부하는 사람들이었지요. 하지만 기본적으로, 과학에 관해서는 일자무식이었습니다. 예를 들어, 그들은 DNA 증거가 무엇을 보여줄 수 있는지에 관해서는 전혀 아는 것이 없었죠."

"저는 수학과 통계에 관해 이야기하려고 갔었습니다. 박식한 판사들도 평범한 사람들과 마찬가지의 오류에 빠지기 쉬운 것은 분명하더군요. 사람들은 양적인 증거로부터 추론을 하는 데 몹시 서툽니다. 예를 들어, 사람들은 한 집단의 사람들이 백혈병으로 죽는 것을 보면 무언가 인과적인 요소가 작용하는 것이 틀림없다고 가정합니다. 통계적인 추론을 아는 사람이라면, 그런 요소가 있을 가능성은 없으며, 단지 운에 달려 있다는 사실을 알 겁니다. 하지만 이 정말 뛰어난 법학자들도 기본적인 개연적 추리를 대단히 힘들어 하더군요."

여기서 보이는 레빗의 비관주의는 과학자가 아닌 사람들에게 과학을 이해해서 적합한 글을 쓸 수 있는 능력이 있을지에 관한 그의 견해와 흥미롭게 맞아떨어진다. 그는 『고등미신』에서 자신이 주제로 삼고 있는 과학 분야에서 전문가에 가까운 경쟁력을 가지지 않는 한, 과학의 사회적 역사를 성공적으로 쓸 수 없다고 제시한다.

"당신에게 전문적인 경쟁력이 있다는 것은 사람들이 도대체 무엇을 이야기하고 있는지 당신이 이해한다는 뜻입니다"라고 레빗은 말한다. "정말 중요한 것은 바로 이 점입니다. 선명하지 않은 영역들, 예를 들어 과학기술의 역사 같은 영역도 있습니다. 하지만 예컨대 뉴턴과 라이프니츠가 벌인 논쟁의 역사를 쓰려 하는데, 미분을 모른다면 곤란합니다. 미분을 모른다면 정확히 뭐가 문제이고, 뭐가 증거로서 가치가 있는 것인지 보지 못하겠죠. 쓰고 있는 분야에서 경쟁력이 없다면, 정신 과정이 완전히 이질적인 사람들의 사고를 이해하려 애쓰는 것과 다름없습니다. 물론 수학자이면 자동적으로 훌륭한 역사가가 된다는 뜻은 아닙니다. 하지만 다른 학문적 관련 기술 말고도 수학에서 확실한 배경을 가지고 있다면, 다른 수학자의 전기를 쓸 때 아주 유리한 위치에 있을 겁니다."

그렇다면 레빗은 비과학자의 대중과학 저술을 어떻게 생각하는가?

"대중저술의 상당수는 형편없습니다. 하지만 미국에는 그동안 존 브록만John Brockman과 같은 사람들이 만들어낸 어떤 추세가 있었습니다. 저명한 과학자들, 리처드 도킨스나 스티븐 와인버그Steven Weinberg 같은 이들을 모셔다가 책을 쓰게 하는 추세 말입니다. 이것이 더 나은 방향입니다. 사람들이 자기 자랑을 하고 있는 건 아닌지 잘 살펴봐야 하기는 하지만요."

분명히 '과학 회의론'의 대다수는 거의 과학자의 동참 없이 인문학과 사회과학 안에서 나온다는 점은 중요하다. 그러나 모두가 다 그런 것은 아니다. 특히 사회생물학에 관한 논쟁은 과학자들 사이에 근본적인 불화를 일으켰다. 과학적 설명의 범위에 관해서도 그랬고, 정치가 과학 이론화에서 하는 역할에 관해서도 그랬다. 레빗에게 사회생물학에 이런 종류의 더 근본적인 불화가 보디 쉽게 일어나도록 만드는 어떤 점이 있는가를 물었다.

"이 사람들이 정치적인 동기로 움직이는 것은 분명한 사실입니다"라고 그는 대답한다. "리처드 르원틴은 아마도 살아 있는 마지막 변증법적 유물론자일 겁니다! 하지만 이런 주장들은 사실 긴 논란의 연장선상에 있습니다. 약 15년 전, 지성사학자 칼 데글러Carl Degler는 『인간의 본성을 찾아서*In Search of Human Nature*』라는 책을 써서, 타고난 인간의 성향에 관한 이론들의 변천을 추적하고, 그 이론들이 세월이 가면서 정치적 환경과 유행에 따라 어떻게 취급되어왔는지 설명했지요. 이런 시도는 상당 기간 계속돼오고 있습니다. 문제의 일부는 그동안 사회생물학 안에서 다소 모호한 증거들을 근거로 거창한 주장들이 만들어지면서 대중화가 두드러지게 많이 일어났다는 사실에 있습니다. 문제의 또 다른 일부는, 르원틴 같은 사람들과 다양한 페미니즘 이론가들이 사회생물학이 하는 말을 조금도 들으려 하지 않는다는 사실입니다. 사회생물학은 유토피아적인 공상들의 근거를 너무 많이 무너뜨리거든요."

"저는 사회생물학이 좋은 프로그램이기는 하지만, 해야 할 일이 아주 많다고 생각합니다. 사회생물학은 확고한 증거를 찾아내서 옹호자들로부터 일반적으로 인정을 받을 방법론을 확립할 필요가 있습니다. 그리고 잠정적인 이론을 바탕으로 사회적이거나 정치적인 쟁점에 대해 거창한 선언을 하는 일은 피해야 합니다. 제 생각에 쟁점의 양편에 서서 열성적으로 논쟁하는 지지자들은 입을 다물고, 그 주제를 연구하기를 원하는 사람들이 조용히 연구를 계속하게 둔다면, 우리는 훨씬 더 앞으로 나아갈 수 있을 겁니다."

과학 쪽에서는 스티븐 로즈나 리처드 르원틴, 인문학 쪽에서는 힐러리 로즈Hilary Rose나 메리 미즐리Mary Midgley 같은 사람들이 사회생물학에 하는 비판 중 하나는, 사회생물학이 자신의 방법론을 부적절하게 모든 영역에 적용하려 한다는 것이다. 특히 사회생물학은, 인간 행동에는 경험적 과학의 기법들 이외의 기법으로 가장 잘 조사할 수 있는 측면들이 존재한다는 점을 깨닫지 못한다는 것이 그들의 주장이다. 이 문제를 레빗은 어떻게 생각하는가? 예를 들어 '사랑에 빠지는' 현상이 환원주의적으로, 기계적으로 설명될 수 있는가?

"뭐, 누군가는 분명 사랑이 궁극적으로는 자극에 반응해서 발화하는 뉴런 등의 문제일 뿐이라고 믿을 것이며, 좀 넓은 의미에서는 저도 이 의견이 옳다고 생각합니다"라고 그는 대답한다. "저는 일원

론자입니다. 세상에는 오직 한 종류의 진실밖에 없다고 생각합니다. 하지만 물론 지금 우리가 사랑을 이런 식으로만 설명할 수 있다는 말은 아닙니다."

"게다가 사람들은 흔히 환원주의가 얼마나 광범위하게 쓰일 수 있는지를 잘 모릅니다. 철저한 환원주의자가 아니더라도 완벽하게 훌륭한 과학을 할 수 있습니다. 환원주의가 모든 부분에서 필요불가결한 것은 아닙니다. 저는 모든 경제학 연구자들에게 시장의 심리학을 탐구하기 전에 뉴런 수준의 모든 것을 공부하라고 촉구하고 있는 것이 아닙니다. 그런 일은 어리석겠죠. 하지만 제가 확실히 말할 수 있는 것은, 세상은 일정한 인과적 사슬을 따르며, 이를 고려하면 더 강력한 이론과 더 깊은 설명으로 중요한 과학적 발전에 도달하리라는 것입니다. 이는 모든 설명은 물리학으로 환원될 수 있어야 한다는 말과 같지 않습니다. 환원주의는 하나의 기회주의적인 전략입니다. 유용하게 사용할 수 있지만, 사용할 다른 기법들도 얼마든지 많습니다."

『고등미신』에서 제시하는 의견은, 학문적 좌익의 음모는 주로 학문적 삶에 관련된 지엽적인 골칫거리라는 것이다. 그러나 이는 현실의 위험을 좀 소홀히 다루고 있는 것일 수도 있다. 예를 들어, 과학저술가 미라 난다Meera Nanda는 학문적 좌익이 '지역 나름의 이해방식'의 타당성을 옹호함으로써 우익, 즉 힌두원리주의를 도덕적으로 정당화하는 데 힘을 보탰다고 지적했다. 그 주의는 카스트 제도의 관점에서 여성의 복종 등을 주장하고 있는데 말이다. 레빗은 이와 같이 더 넓은 쟁점들이 있음을 알고 있는가?

"물론입니다. 그런 일이 좀 있습니다. 미라는 그녀가 관련해 온 인도 사회운동에 벌어지고 있는 일을 걱정하고 있지요. 인도에서는 전통적인 관점에 대항해서 많은 투쟁이 있어왔고, 현대화는 사회 발전의 훌륭한 동맹군이었습니다. 그녀는 인도에 있는 많은 좌파 지식인들이 최근에 상대주의 세계관을 끌어안으면서, 지역 특유의 관습과 지식을 찬양하고 있다는 사실을 발견했습니다. 그게 인도에서는 지독하고 끔찍한 사회제도를 의미하는 것인데 말입니다. 좌파가 상대주의의 영향을 받지 않았다면 모든 것이 매우 달라졌을지, 혹 정치적·사회적 문제들이 더 심각해졌을지는 잘 모르겠지만, 분명 소수의 핵심적인 지식인들이 짝퉁 해체주의자나 푸코주의자가 되는 일은 막았으리라고 생각합니다."

"사실, 미국에서도 그런 종류의 일이 일어나고 있습니다. 좌파 지식인들이 아메리카 원주민들은 토착 신앙과 관습을 유지하고 모든 주류 미국 문화를 버림으로써 인간의 선택 가능성이라는 횃불을 보존해야 한다고 주장했던 것이죠. 하지만 물론 그 지식인들이 그렇게 살라고 요구하고 있는 원주민들은 대개 행복한 삶을 살고 있지 않지요. 그들은 많은 경우 현대의 기준으로 볼 때 불결하고 짧고 야만적인 삶을 살고 있습니다."

그로스와 레빗이 『고등미신』을 쓴 이래로, 미국에서는 과학의 완전성에 대한 새로운 위협이 등장했다. 시애틀의 디스커버리 연구소Discovery

Institute를 중심으로 조직된 '지적설계운동intelligent design movement'이 추구하는 목표는 종의 진화에 대한 다윈의 설명을 좋은 지적 행위자가 설계했다는 설명으로 교체하는 것이다. 말할 필요도 없이, 지적설계론 사상가들을 추궁하면, 이 행위자는 기독교 성경의 하나님인 것으로 밝혀진다. 레빗은 이 문제를 걱정하는가?

"그렇습니다. 매우 걱정하고 있습니다. 지적설계운동은 정치적으로 매우 영리합니다. 그들은 과학적으로 신뢰를 얻을 수 있는 몇몇 사람들(불행히도 그들 가운데 다수는 명목상 수학자들이죠)을 끌어모아놓고, 다윈의 이론들이 맞지 않는 것을 보여주는 훌륭한 논거들이 있다고 주장합니다. 물론 말도 안 되는 내용이지만, 그들은 국회의원 같은 사람들과 이야기를 나누고 있습니다. 그 의원들은 이미 창조론을 믿고 있거나, 또는 정치적인 이유로 창조론에 동참하길 원할 수 있지요. 그런데 그들에게 잘 먹힐 것 같은 주장들이 생기는 겁니다. 이것은 매우 위험합니다."

"사실 학문적 좌익 때보다 훨씬 더 걱정스럽습니다. 학문적 좌익의 경우에는 그들이 과학을 직접적으로 거세할 것이라기보다는, 단지 과학에 필요한 제도적 지원을 빼앗아가고 있다는 점을 우려했습니다. 하지만 이 망할 지적설계론자들은 정말로 과학을 거세하길 원합니다. 재밌게도, 학문적 좌익은 창조론자들이 득세하면서 위축되었습니다. 그들은 자신들이 아주 성질이 사나운 동물들을 상대하고 있다는 것을 안 거죠. 그래서 결과적으로 학문적 좌익들은 반과학 열의를 많이 잃어버렸습니다. 한편, 지적설계의 선교사들은 과학적 사실은 단지 배타적 소집단의 사회적 합의에 지나지 않는다는 포스트모더니즘의 격언을 교활하게 이용하고 있습니다. 그들의 이야기는 신을 믿지 않는 유물론적 과학자들이 작당하여 서로 짜고 신의 마음과 손길을 보여주는 증거를 부인한다는 겁니다. 얄궂은 것은 이러한 우익의 해악이 등장할 기반을 마련하는 예비 작업을 좌익이 다 해놓았다는 점이죠."

11. 생물다양성

• 에드워드 윌슨과의 인터뷰

에드워드 윌슨Edward O. Wilson

하버드 대학의 과학 교수이자 비교동물학박물관의 곤충관 관장. 미국 국가과학 메달, 스웨덴 왕립과학원에서 주는 크래포드상 등 수많은 과학상을 수상했다. 그의 저서들 가운데 『인간 본성에 대하여』와 『개미*The Ants*』 두 권은 퓰리처상을 수상하였다. 미국 학술원의 회원이자 미국 과학진흥협회와 미국 철학회의 특별회원이다. 「타임」지가 1996년 미국의 가장 영향력 있는 25인 가운데 한 사람으로 지명했고, 2002년에는 평생공로상을 받았다.

WHAT SCIENTISTS THINK

20세기에는 우리의 지식과 세계의 이해에서 엄청난 발전이 이루어졌다. 예컨대 특수상대성 원리와 일반상대성 원리, 양자 이론, 항생제, DNA의 구조와 빅뱅 이론 모두가 이 시대의 업적이다. 그러나 이러한 발전에도 불구하고, 물론 우리는 많은 것에 관해 여전히 무지하다. 어떤 영역에서는 근본적인 이유 때문에 지식과 이해가 부족하다. 예를 들어, 물리학자들은 현재 현실에서 초끈 이론(현재 모든 것의 이론의 가장 강력한 후보)을 검증할 수 있는 방안이 무엇인지 거의 아는 것이 없다. 다른 영역에서 우리의 무지는 이해를 가로막는 특정한 장벽이 아니라, 우리의 가능한 지식 범위의 한도와 더 많은 관련이 있다.

생물다양성이 적절한 사례이다. "지구상의 생명에 관한 가장 놀라운 사실들 가운데 하나는 우리가 그것을 얼마나 조금밖에 탐험하지 못했는가 하는 사실입니다"라고, 하버드 비교동물학박물관 곤충학관의 과학 교수이자 관장인 에드워드 윌슨은 설명한다. "우리가 지금까지 서술하고 이름 붙인 종들의 수는 150만에서 180만 정도인 것 같습니다. 하지만 이에 관해서도, 구할 수 있는 모든 문헌에 근거한 완전한 합의란 것은 이루어진 적이 없습니다. 실제 종의 수는 가장 가까운 자릿수마저도 알려져 있지 않아요. 서로 다른 전문가들이, 설마 이렇게 낮을까 싶은 360만 종에서부터 인상 깊을 정도로 높은 1억 종까지, 다양한 추정치를 제시했습니다. 최근의 한 추정치에 따르면 약 4백만 종의, 그것도 거의 전부 알려지지 않은 박테리아가 단 1톤의 흙 안에 들어 있다고 하니, 더 높은 수치가 아마도 정답에 더 가까울 듯합니다."

서로 다른 종이 1억 가까이 있다면, 개별적인 유기체들은 얼마나 많다는 소리인가? 아니면 숫자를 정하는 것이 불가능한가?

"제 생각에는 '천문학적인'이라는 용어가 여기서 무색하지 않을 겁니다. 몇 년 지나긴 했지만 엄격한 연구를 바탕으로 한 추정치에 따르면, 어떤 때에도 살아 있는 곤충들이 약 10^{18}마리가 있다고 합니다. 여기에 미생물은 이보다 열 배쯤 더 되겠죠. 우리는 또 단 1그램의 토양 안에는 박테리아와 같은 생명체가 100억 마리는 있다는 것을 알고 있습니다. 게다가 최근에 발견한 지구 표면에서 최소한 3킬로미터 아래에 있는 박테리아와 미생물군들도 포함해야 할 겁니다. 그러니 '천문학적인'이 적절한 단어이죠."

"우리가 얼마 알지 못하는 세상에 살고 있다는 것은 분명합니다. 21세기 생물학의 과업 대부분은 린네가 시작한 종 분류 계획의 완성을 목표로 가능한 한 빨리 이 행성을 탐험하는 일이어야 한다는 뜻이죠. 또 저는 린네가 그의 분류 체계를 세운 이래로 250년 동안 종들의 10퍼센트가량만이 기술되었다고 자주 강조하기도 합니다. 아직도 90퍼센트가량은 기술되지 않은 채 남아 있다는 겁니다. 그 90퍼센트 가운데 얼마나 많은 수가 작은 무척추동물이고 얼마나 많은 수가 미생물일까요? 작은 무척추동물은 생태계의 유지에 결정적이고, 미생물은 인간의 건강과 인간 복지의 다른 측면들에 지극히 중요하죠. 이런, 그런데 우리는 아무것도 모릅니다. 그러니 지구 행성의 탐험이 21세기의 최우선 쟁점이 되어야 할 겁니다."

'종'이라는 개념은 린네식 이명법(생물의 분류 체계)의 기본임에도 불구하고, 사실 논란의 대상이 될 수 있는 개념이다.

"종을 어떻게 정의하는가는 시작 순간부터 생물학을 괴롭혀왔습니다"라고 윌슨은 말한다. "현재 우리는 유성생식을 하는 유기체들에게 소위 생물학적 종 개념을 사용합니다. 간단히 말해서, 하나의 종이란 생식적으로 분리되어 있어서, 자연적인 상황에서는 다른 개체군과 교배를 하지 않는 하나의 개체군, 혹은 일련의 개체군들입니다. 이는 우리에게 가장 익숙한 진핵세포 유기체에 폭넓게 적용되므로, 그 모형은 우리를 위해 매우 훌륭하게 맡은 역할을 해왔습니다."

"하지만 생물학적 종 개념이 그렇게 잘 적용되지 않는 유기체들도 많습니다. 예컨대 무성생식을 하는 종들도 많지요. 다수의 미생물이 포함되어 있는 이런 경우에, 우리는 유사한 정도를 보고 임의적인 분기점을 정합니다. 박테리아에 사용하는 기준을 예로 들자면, 두 종족이 공통으로 가지고 있는 염기쌍이 70퍼센트 이하이면 그 둘은 별개의 종이라고 선언합니다.”

“그러나 저는 생물학적 종 개념을 비판하는 사람들 가운데, 결점이 너무 많아서 지구상의 생명 연구를 매우 어렵게 만들 정도라는 많은 사람들의 의견에는 동의하지 않습니다. 저는 정확히 그 반대 견해입니다. 저는 우리가 유기체들을 선험적으로 판단해서 정해진 획일적 정의에 억지로 집어넣게 되는 일을 너무 걱정할 필요는 없다고 생각합니다. 그보다는 우선 현재상황에서 가장 잘 맞는 것 같은 정의를 선택하고, 시행착오와 회의에서의 토론 등등을 거쳐 일을 해나가다가 우리가 생물다양성을 더 잘 알게 되면, 그 종 문제에 대한 해답에 도달할 수 있을 겁니다. 다시 말해, 우리는 종의 정의와 그에 관련된 문제들을 연구에 대한 장벽으로서가 아니라, 오히려 우리가 조만간 해결하게 될 생물학의 흥미로운 문제로서 바라보아야 합니다.”

만일 현존하는 종이 1억가량 있다면, 그 생물들은 어떤 과정으로 출현하게 되었는가? 대량 멸종이 주기적으로 일어났음에도, 지난 35억 년에 걸쳐서 생물다양성은 점진적이고 일반적으로 증가해온 걸까?

“그렇습니다”라고 윌슨은 대답한다. “그리고 특히 지난 5억 년 동안, 그중에서도 특히 초기에 동식물이 땅으로 올라올 때 다양성이 증가했습니다. 생물다양성의 증가는 매우 점진적이었으며, 그 사이에는 발작과도 같은 다섯 차례의 커다란 멸종을 포함해 많은 후퇴가 있었습니다. 그리고 의미심장하게도, 생물다양성 수준은 인류가 나타나기 직전에 최고에 이르렀지요.”

"여기에는 또 진화가 진보를 수반하는가 하는 흥미로운 점이 있습니다. 철학적 성향의 일부 생물학자들은 진화에 진보 같은 것은 결코 없다는 의견을 제시해왔습니다. 하지만 저는 지금껏 과학자든 철학자든 지금 와서 어째서 진보라는 개념에 관해 왈가왈부하고 싶어 하는지 전혀 이해할 수가 없습니다. 만일 진보를 목표지향적인 상태로 정의한다면, 그동안 진보는 없었던 게 맞습니다. 진화란 본질적으로 의도가 없는 거니까요. 하지만 만일 우리가 복잡성, 즉 대부분의 사람들이 진보와 동일시하는 풍부함과 다양성의 증가라는 의미로 이야기하고 있는 것이라면, 그랬다고 할 수 있습니다. 이런 의미에서라면 진화는 최초의 원핵생물로부터 최초의 진핵생물을 거쳐 다세포 생물로, 더 큰 다세포 생물로, 복잡한 다세포 생물로 진행되었으며, 줄곧 지적인 생물체를 향해 온 엄청난 진보적 변화의 역사가 있습니다."

이 모든 것이 필연적인 원인들로 일어났을까? 이런 원인들이 모여, 단순한 소수의 생물이 복잡한 다수의 생물로 변하게 되는 다윈주의 자연선택설의 본질이 형성되는 것인가?

"아니, 전혀 그렇지 않습니다. 그 과정은 달랐을 수도 있습니다. 몇 가지든 다른 경로를 택했을 수 있지요. 예를 들어, 조건이 달랐다면 진화는 일정 수준의 복잡성을 보였다가 정체되었을지도 모릅니다. 아니면 특정한 종류의 규칙적인 환경적 사건들이 원인이 되어 생물다양성 수준이 왔다 갔다 했을지도 모르고요. 여러 가지 시나리오를 상상해볼 수 있습니다."

그렇지만 진화의 모델을 만든다면, 윌슨이 말한 종류의 진보가 반드시 나타나도록 초기 조건을 설정하는 것도 가능하지 않을까?

"간단히 답하자면, 그렇습니다. 우리가 여기서 다루고 있는 지구와 다른 조건의 행성 모델이나 다른 방식의 진화 가능성 같은 문제는 앞으로 우주생물학의 주요 관심사가 될 것입니다. 앞으로 10년 정도만 있으면 우리는 태양계 바깥에서 지구를 닮은 최초의 행성을 발견할 수 있을 겁니다. 그리고 그 시점이 되면 이런 종류의 모델화 작업을 하게 되겠죠."

다윈론의 진리에 의문을 제기하는 사람들에게는, 유독 새로운 종의 출현, 이른바 종 분화가 표적이다. 비판가들은 지금까지 종 분화가 관찰된 사례가 없었고, 따라서 생물다양성에 대한 다윈의 설명은 과학적인 뒷받침이 없다는, 사실은 잘못된 주장을 한다. 하지만 이런 종류의 이의들이 결국 아무것도 아니라는 윌슨의 태도는 단호하다.

"우리는 대부분의 종 분화가 정확히 어떻게 일어나는지를 알고 있습니다"라고 그는 단언한다. "우리는 종이 분리된 시기를 압니다. 개체군들이 분기하는 다양한 정도도 알고, 개체군들이 어떻게 상호작용하는지 등등도 압니다. 종 분화를 부인하는 것은, 신이 모든 밝은 빛들을 거기 두었다고 주장하기 위해 천문학이 우리에게 말해주는 모든 것을 완전히 무시하고서 항성계의 진화를 부인하는 것과 마찬가지이죠. 우리는 이미 익히 그런 주장들을 들어왔습니다."

"생물학의 축적된 지식을 잘못 해석하는 내용들은 주목할 가치가 없습니다. 마이클 비히Michael Behe가 쓴 『다윈의 블랙박스』를 읽어봤는데, 그는 거기서 환원 불가능한 복잡성irreducible complexity이라는 개념을 내놓더군요. 결국 이 이야기는 비히는 진화에서 일정한 단계들이 어떻게 취해졌는지를 상상할 수 없다는 뜻으로 보입니다. 그리고 이런 주장을 그 자신은 비록 부인하지만, 애정 깊고 인격적인 유대-기독교의 신을 뒷받침하는 강력한 주장으로 활용하는 듯합니다. 터무니없는 발상이죠."

그러나 문제는 미국 과학계의 바깥에 있는 많은 사람들이 비히와 같은, 더 일반적으로 말하자면 지적설계 계통에 속한 사람들의 주장을 매우 진지하게 받아들인다는 점이다. 예를 들어 지금은 취하되었지만, 주州의 과학 교과과정에서 진화론을 빼겠다는 캔자스 교육청의 유명한 결정이 있었다. 윌슨은 이런 점들을 우려하는가?

"모든 사람이 이런 상황을 걱정합니다. 진화는 사실입니다. 분명히 일어나죠. 부인할 수가 없습니다. 셀 수 없이 많은 증거들이 늘어서 있는데, 진화를 가리켜 비과학적이라고 말하는 것은 정말 잘못된 일입니다. 저는 자라나기는 창조론자로 자랐지만, 진화론을 의심하는 사람들에게 다음과 같이 답합니다. 만일 지적 정직성이 조금이라도 있다면, 진화론을 지지하는 증거들이 엄청나게 많다는 사실을 인정해야 한다고요. 또 그 증거들은 생명의 복잡성이 진화의 과정으로 창조되어왔음을 제시하며, 이는 논박할 수 없는 사실이라고 말이죠. 저도 성경을 읽었고, 많은 설교를 들었기에 성경의 하나님께서

때론 가부장적이고, 화도 내고, 집요하게 요구할 때도 있고, 따뜻하게 힘이 되어주기도 한다는 것은 알지만, 그분이 속임수를 쓴 적은 한 번도 없었습니다. 저는 그분이 잘못된 단서를 그토록 지구 구석구석에 뿌려놓았다고는 도저히 믿을 수 없습니다. 그 단서가 우리를 잘못 인도할 것을, 그리고 진화를 지지하게 된 사람들이 신앙심이 없다고 비난받을 것을 아시면서도 그러셨을까요?"

정말 얄궂게도, 바로 진화의 산물이자 진화를 뒷받침하는 증거의 원천인 생물다양성이 인간의 활동으로 위협 아래에 놓여 있다.

"우리가 약 5만 년 전에 아프리카로부터 나오기 시작하면서 한 최초의 일은 거대동물들을 죽여 없애는 일이었습니다"고 윌슨은 설명한다. "그리고 시간이 가면서 우리는 점점 더 많은 수의 동물에게 이런 영향력을 끼쳐왔지요. 지난 수 세기 동안 우리는 열대우림을 포함한 서식지를 농경지로 바꾸는 능력을 키워왔고, 그렇게 함으로써 우리는 땅을 혹사시키기 쉽습니다. 우리는 또 많은 곤충과 식물을 포함한, 더 작은 생물들을 없애버리기 시작하고 있습니다."

"이 모든 것은 우리 스스로의 이익에 크게 반하는 일입니다. 예를 들어 우리는 우리가 이렇게 존재할 수 있는 데에는 곤충들이 핵심적인 역할을 하고 있다는 사실을 명심해야 합니다. 곤충은 거의 예외 없이 땅에 살면서 토양을 뒤집고 비옥하게 하며, 조그만 죽은 동물들을 치우며, 우리의 농작물을 포함한 온 세계의 식물을 수분시키는 일에 일등공신입니다. 만일 우리가 곤충들을 없애버리면, 식물계의 절대다수가 사라질 테죠. 저는 "세상을 운영하는 작은 것들The Little Things that Run the World"이라는 소논문에서 만일 곤충들이 어느 날 갑자기 마술처럼 지구에서 사라진다면, 땅 위의 살아 있는 세계는 1년이나 2년 안에 인류와 더불어 붕괴할 것이라고 밝혔습니다. 곤충이 멸종하고 나면 인류는 살아남지 못할 겁니다."

이것이 단순히 우리가 미래를 위해 명심해야 할 문제만이 아니라, 지금 당장 심각하게 걱정해야 할 문제라는 증거가 있는가?

"일단 우리는 세계 일부에서 일어난 곤충 다양성 감소의 효과에 주목해볼 수 있습니다. 예를 들어, 우리는 꿀벌이 병이나 기생충에 의해 타격을 입으면 농작물의 산출이 급격하게 떨어진다는 사실을 발견했습니다. 그리고 이 일은 실제로 미국 여러 지역에서 일어난 일이죠. 또 농작물에 살충제를 지나치게 많이 뿌려서 곤충과 거미, 기타 동물들을 죽이면, 심각한 해충이 폭증할 수 있다는 사실도 있습니다. 종의 총수는 줄어든 반면에, 각 종들은 생존하고 번식한 기회를 더 많이 가지게 되고, 그래서 작물을 망가뜨리고 병을 옮기는 곤충의 숫자도 더 많아지게 되는 거죠. 이런 징후들에서 만일 우리가 곤충 다양성을 일정한 선 아래로까지 끌어내리면, 우리가 의존하는 환경의 일부에 파국적 효과가 미칠 것이라는 점을 알 수 있습니다."

이런 종류의 우려를 제기하는 사람들에게 때때로 환경에 관해 너무 많이 걱정할 필요는 없다는 반론이 제기되기도 한다. 왜냐하면 우리는 일어나는 문제에 대해 언제나 과학기술적인 해답을 찾아낼 수 있으리라는 것이다. 그런 것이 인간 진보의 본질이라고 말이다. 윌슨은 이런 종류의 주장에 공감하는가?

"절대 아닙니다"라고 그는 대답한다. "저는 이렇게 표현합니다. '하나뿐인 지구. 한 번뿐인 실험'이라고요. 주사위를 딱 한 번만 던지는 도박과도 같지요. 주사위 두 개가 다 1이 나오면 모든 것을 잃고요. 우리는 절대 이런 주사위 도박을 해서는 안 됩니다. 세계의 환경을 훨씬 더 자세히 살펴보고 어떻게 하면 이 행성을 안전하게 지킬지를 알아내야 합니다. 우리는 이에 관해 완전히 인간중심적일 수 있습니다. 우리는 다른 무엇도 아닌 우리 자신을 위해서 생활환경과 생물다양성에 면밀한 주의를 기울일 필요가 있습니다."

생물다양성의 흥미로운 측면들 가운데 한 가지는 종의 지리적 분포 양상이다. 여러 증거들은 동식물 종의 대다수가 열대의 숲, 특히 열대우림에 산다는 것을 보여준다. 그러나 삼림 벌채로 열대의 숲은 1년에 1에서 2퍼센트 정도의 비율로 사라지고 있다. 윌슨은 저서인 『생명의 다양성』에서, 신중하게 살펴본 여러 요인들을 근거로 열대우림에 있는 종들의 약 0.25퍼센트가 매년 조기 멸종할 운명이라고 계산했다. 그렇다면 남벌은 분명 생명다양성에 커다란 위협이다. 어떤 요인들이 인간들을 삼림을 함부로 벌채하도록 몰아가고 있는가?

"무지, 탐욕, 그 다음엔 부정입니다. 대부분의 남벌은 지역 주민이나 기업인들이 자신이 무슨 일을 하고 있는지도 모르고 하는 행동에서 빚어지는 결과이죠. 그러나 많은 다국적기업을 비롯한 기타 기업들은 자신들이 무엇을 하고 있는지를 잘 알고 있으면서도, 돈을 벌기 위해 누가 뭐라건 숲을 베며 그냥 밀고 나갑니다. 예를 들어, '도적'이나 '무법자' 같은 벌채 회사들이 있지요. 이 회사들은 값싸게 벌목권을 임대하는 방식으로, 의도적으로 가난한 개발도상국으로부터 목재를 수탈합니다. 그 다음에 있는 것이 부정이죠. 아직도 많은 사람들은 삼림 벌채의 악영향이 증명되지 않았다거나, 정보가 더 필요하다고 말합니다. 예를 들자면 부시 행정부의 노선이 바로 그렇죠."

"삼림 벌채에서 역설적인 것은, 조금만 계획하고 시장을 개발하면, 대부분의 열대우림들의 환경을 그대로 유지시킴으로써 벌목으로 벌 수 있는 것보다 더 많은 이윤을 남길 수 있다는 사실이 잘 밝혀져 있다는 점입니다. 예를 들어, 미국 국유림을 조사한 최근 수치는 국유림이 국내 총생산에 350억 달러를 기여한다는 것을 보여줍니다. 그 가운데 78퍼센트는 사냥과 낚시를 포함한 휴양에서 나오고, 13퍼센트만이 벌목에서 나오죠. 점점 더 많은 개발도상국들이 조금만 머리를 쓰고 계획하면, 그리고 조금만 정치적으로 안정되어 있다면, 관광 하나만으로 많은 돈을 벌기 시작할 수 있다는 사실을 발견하고 있습니다."

그러면 보존 윤리의 관점에서, 보존하고 더 못 사느냐 아니면 보존하지 않고 더 잘 사느냐 둘 중 하나를 선택해야 하는 것이 아니라, 보존하고도 경제적으로 잘 사는 것이 가능하다는 말인가?

"바로 그렇습니다"라고 윌슨이 인정한다. "게다가 세계의 현 상태를 놓고 보면, 대부분의 개발도상국에서는 순수한 윤리만으로는 보존에 관해서 어떤 유효한 주장을 하는 것이 불가능할 겁니다. 이 상황도 결국에는 변하겠지만, 지금 당장은 경제적 순익을 첨부해서 윤리적 주장을 제시하는 편이 훨씬 낫습니다."

이는 윌슨이 『생명의 다양성』에서 말한 내용과 일치한다. 그는, 책에서 새로운 환경적 사고와 관련한 운동들은 빈곤과 인구 증가가 적절한 보존 가능성에 미치는 영향력을 현실적으로 판단하고 있으며, 광대한 넓이의 자연 서식지를 파괴하지 않고도 90억에 달하는 세계인의 열망을 충족시키는 일이 어떻게 가능한지를 보여주는 상당히 구체적인 안의 개발이 필수라는 사실을 일반적으로 이해하고 있다고 적는다.

여기에는 '지구의 벗'과 같은 환경 단체가 유전자변형작물을 대하는 태도와 관련해서도 흥미로운 점이 있다. 산출을 높인다는 점에서, 유전자변형작물은 굶주림 등과 관련된 문제들 일부를 덜어줄 잠재력을 제시하는데도 불구하고, 대부분의 다양한 보존 운동은 유전자변형기술에 맹렬하게 반대한다. 윌슨은 사람들이 명확한 판단을 하지 못한다고 생각하는가?

" 저는 유전자변형작물의 반대자들이 오해를 하고 있다고 생각합니다. 영세 농업은 자연 환경에 압력을 가합니다. 얼마 남지 않은데다 빠르게 줄어들고 있는 자연 환경을 구하려면 개발도상국의 농업계에 더 높은 작물 생산성과 시장 개발이 필요하다는 증거가 압도적입니다. 우리에게는 시장성 있게 만들 수만 있다면 이 과정을 시작하는 데 이용할 수 있는 천연 종들이 많이 있습니다. 하지만 기존의 작물들, 스무 가지 정도의 주요 종들을 택해 유전자변형으로 여러 해를 살거나, 질소를 고정하거나, 소금기에 강하거나, 건조한 땅에 알맞거나 한 품종들을 만들 수도 있습니다. 이것이 유전자변형작물을 지지하는 강력하고 긍정적인 한 이유이죠. 유전자변형작물은 개발도상국의 경제를 도울 것이고, 그들의 자연환경에 미치는 압력을 어느 정도 줄일 겁니다."

"물론 반드시 유전자변형작물과 관련된 부정적인 측면에는 세심한 주의를 기울여야 하고, 상황을 주의 깊게 감시해야 합니다. 하지만 손해보다 이익이 훨씬 크다는 것이 제 견해입니다. 저는 이렇게 생각하고 싶습니다. 유전자변형작물에 반대하는 반응이 많았던 것은 사람들이 있을 수 있는 위험에 너무 많이 초점을 맞추고, 그것을 잠재적인 이점과 비교해서 제대로 저울질해보지 않았기 때문이라고 말입니다."

일부 사람들은 환경보호주의가 유사종교나 다름 없어서, 그들이 무조건적으로 유전자변형작물에 반대하는 입장에 서게 된다는 인식도 한다.

"여기에도 일리가 있다고 생각합니다. 하지만 저는 제 동료 보호주의자들과 생태학자들로부터 반대 의견을 들은 일이 거의 없습니다. 아마 제 의도가 순수하다는 것을 그들이 알기 때문이라고 생각합니다. 다시 말해, 그들은 제가 특정 세력이나 이해집단을 위해 왈가왈부하리라고 보지 않는 겁니다. 그래서 저는 환경보호론자들 가운데 일부 극단주의자들이 있기는 해도, 주요 사람들은 대부분, 심지어 활동가들 역시도 올바른 답을 찾고 있으며, 그래서 이런 손익들을 아주 신중하게 저울질하려 할 것이라고 생각하는 편입니다."

그의 책 『생명의 미래』에서, 윌슨은 자연 서식지의 파괴라는 문제를 해결할 수 있는 중요 방안들 일부를 개략적으로 보여준다. 그 가운데에서도 그는 다음과 같은 정책이 필요하다고 이야기한다. 파괴될 위험이 가장 큰 '뜨거운 지점hot spot'을 구하고, 변경에 남아 있는 다섯 군데의 숲을 그대로 지키고, 오래된 숲의 벌목을 중단하고, 보존을 유익한 것으로 만들고, 생물다양성을 이용해 세계 경제에 이익을 주어야 한다고 말이다. 이런 것들을 어떻게 실현할 수 있을까?

"지난 20년 동안 우리는 전 지구적인 보호단체들의 놀랍고도 고무적인 성장을 보아왔습니다"라고 그는 대답한다. "거기에다 생물다양성을 포함한 환경 상태를 연구하는 기법과, 또 아직 실험적이긴 하지만 보존 기법들을 만들기 위한 새로운 방법 면에서 훌륭한 발전이 있었습니다. 효과적인 보존은 과학과 기술, 민간 영역과 정부가 '철의 삼각연합'을 이루었을 때 가능합니다. 이 집단들이 서로 협력한다면, 보존을 이루어낼 수 있을 겁니다."

"우리가 경험한 바를 들면, 우리가 적절한 연구를 마치고 서식지 파괴와 종 멸종의 관점에서 최악의 문제가 어디에 있는지를 알면, 경제적 조언과 벌목에서 오는 이득과 보존에서 오는 이득을 맞바꾸는 방법을 통해, 정부를 참여시킬 수 있습니다. 특히 작은 나라일수록 이런 일이 손쉽죠. 여기에 더해 온 국민들이 보존의 중요성을 점점 더 알아간다면, 우리는 빠른 발전을 이룰 수 있을 겁니다."

"그러나 아직 이 작업은 초기 단계입니다. 우리는 지금까지는 의도적으로 수리남이나 뉴기니와 같은 쉬운 경우를 골라왔습니다. 각 지역의 주요 환경들은 개별적으로 다루어야 하고, 그 경우만을 위한 최적의 방법으로 접근해야 합니다. 우리 앞에는 아주 힘든 문제들이 있을 겁니다. 지금 우리는 전 세계적인 보존의 관점에서는 우리가 가야 할 목표를 향해서 10분의 1도 가지 못한 상태이죠."

미국의 부시 행정부는 신보수주의 안건을 다루느라 보존이나, 더 일반적으로 말해서 환경 문제에는 관심이 거의 없다는 인식이 있다. 환경보존주의자들은 이 점을 걱정하는가?

"정말 걱정스러운 일입니다"라고 윌슨이 수긍한다. "그들의 비활동과 무지는 이제까지 말한 사항들에 대한 특정한 반대만큼이나 걱정스럽습니다. 미국의 국내외 정책으로 볼 때, 환경은 중요 안건에서 제외되었습니다. 이는 단순히 우리의 보호림, 국립공원, 생물다양성 보존에만 태만한 것이 아니라, 우리의 대외 원조 정책을 포함한 대외 정책, 우리의 시장 개발과 무역 정책에서, 그리고 단순한 치안 유지의 개념을 넘어서 어떻게 하면 국가에 최선의 도움이 되는 영향을 줄 것인가 하는 문제에서 태만한 것이기도 합니다. 이 주요 정책 영역들 모두에서 환경을 고려하지 않는 것은 중요한 기회를 많이 잃는다는 뜻이고, 우리는 틀림없이 미래에 큰 대가를 치르게 될 것입니다."

환경 문제에 대한 관심이 이렇듯 명백히 부족한 데에는 어떤 요인이 바탕에 있는가? 그들의 신보수주의와 연관된 사상적인 부분인가? 아마도 작은 정부를 추구하는 그들의 공약과 관계가 있지 않을까?

"저는 정치적인 분석을 잘 할 수 있는 사람은 아니지만, 대부분 사상적인 요인이라고 생각합니다. 물론 여기에는 어느 정도는 편협한 이기심이 작용하고 있습니다. 기업 후원자들과의 관계 같은 것 말이지요. 하지만 주로 실용주의, 작은 정부, 반과학 입장의 전개와 관련한 사상과 관계가 있는 것 같습니다."

"실용주의에 근거해서 그들은 이렇게 말합니다. '우리는 문제해결사이다. 단기적인 해법이라는 것은 인정한다. 하지만 이 늙고 지친 지구를 움직여나가며 평화를 가져오는 최선의 방법은 지금 당장 우리 앞에 놓인 문제들을 푸는 것이라고 생각한다. 우리는 환경을 최우선 상황으로 보지 않는다. 장래에 문제가 있을 것이라는 당신의 말도 옳겠지만, 아직 시간이 있다. 지금의 주요 쟁점은 테러와의 전쟁, 미국 시장을 지키는 일과 같은 것들이다.' 이런 말들은 그들의 실용주의적 측면을 잘 보여줍니다."

"작은 정부는 우익 보수주의의 현 조류가 내세우는 철학의 일부입니다. 그들의 주장은, 미국에는 규제가 지나치게 많다는 것이죠. 그들은 권력을 사람들에게 돌려주기 위해서는 관료적 절차와 규제를 축소하는 것이 필수라고 주장합니다. 이런 재앙적인 사고방식에는 정말 말문이 막힙니다!"

"그들의 반과학은 그 자체로 강력한 종교적 측면을 지니고 있습니다. 그들은 미국이 옛날식의 가족과 종교적 가치로 돌아가야 한다는, 그리고 이런 가치가 침식되는 이유에는 어떤 식으로든 과학적 유물론에 책임이 있다는 감상을 가지고 있지요. 그래서 그들의 결정에는 과학자들이 쉽게 개입할 수가 없습니다. 환경 문제에 대해 경고를 받은 부시의 대답은 다음과 같았습니다. '글쎄요, 관료들은 그렇게 말하지만, 저희는 잘 모르겠습니다.'"

"저는 그들이 보존과 환경을 무시할 때, 이 모든 요인들이 작용한다고 생각합니다."

윌슨은 앞으로 어떻게 흘러갈 것이라 생각하는가? 생물다양성과 보존에 관해 인류는 어떤 행동 방침을 선택할까? 우리가 자연계를 크게 손상시키지 않고 현재 마주하고 있는 문제들을 헤쳐 나가게 될까, 아니면 22세기의 사람들이 우리를 가리켜서 세계의 진화적 유산을 파괴했다고 비난하게 될까?

"이는 분명 근본적으로 정치적이고 사회적인 쟁점입니다"라고 윌슨은 대답한다. "직면한 문제들에 우리가 어떻게 반응하느냐에 달려 있는 일입니다. 저는 조심스럽게 낙관합니다. 그 이유는 우리에게 과학이 있고, 우리가 문제를 알고 있으며, 문제를 어떻게 해결할지를 알고 있으며, 해결 비용이 얼마나 될지도 알기 때문이지요. 추산에 따르면, 가장 큰 위협을 받고 있는 '뜨거운 지점'들을 포함해 세계 동식물 종의 70퍼센트를 구하기 위해서는 대략 3백억 달러가 든다고 합니다. 3백억 달러는 세계의 어마어마한 연간 총생산에 비하면 그야말로 일부에 지나지 않습니다. 상대적으로 얼마 안 되는 돈으로 생명의 대부분을 구할 수 있다니, 하늘이 주신 행운이나 다름없습니다. 전 그래서 신중한 낙관론을 지지합니다. 하지만 신중해야 하는 이유는, 모 하버드 교수*가 믿고 싶어 하는 것보다 세상은 훨씬 더 불합리한 것으로 드러나고 있기 때문이지요."

---

* 리처드 르원틴. 에드워드 윌슨과 리처드 르원틴은 정치적, 학문적으로 앙숙이다.

12. 과학, 그 위험성과 대중

• 마틴 리즈와의 인터뷰

마틴 리즈Martin Rees

케임브리지 대학 트리니티 칼리지의 학장을 겸임하고 있는 우주론 및 천체물리학 교수. 왕립천문학자라는 명예직함도 지니고 있다. 미국 국립과학원과 철학회의 외국인회원이며 러시아 과학원의 명예회원이다. 왕립천문학회의 금메달을 포함해 많은 상을 받았고, 『인간생존확률 50:50』, 『여섯 개의 수』를 포함해 대중 독자를 위해 다섯 권의 책을 썼다.

1947년 6월 「원자과학자회보」의 표지에는 밤 12시 7분 전을 가리키는 시계가 실렸다. 회보의 편집자는 다음 같은 의미를 나타내고자 한 것이었다.

> 핵전쟁의 망령을 몰아내지 않는 한, 원자력의 개발이 익숙해졌다고 해서 내 삶과 내 아이들의 삶, 내 국가의 안전과 문명의 생존 모두가 아슬아슬하다는 사실을 잊을 수 없는 사람들의 마음 상태.

수십 년의 냉전 기간 동안, 알려진 대로 그 '종말의 날 시계Doomsday Clock'는 세계의 초강대국 두 나라가 지구를 몇 번이고 반복해서 파괴하기에 충분한 핵무기를 비축하게 만든 군비 경쟁의 어리석음과 위험을 상징하게 되었다. 지금까지는 우리가 용케 핵의 재난을 피해왔다. 하지만 케임브리지 대학 트리니티 칼리지의 학장을 맡고 있는 우주론 및 천체물리학 교수이자 왕립천문학자인 마틴 리즈가 저서인 『인간생존확률 50:50』에서 지적하듯이, 이는 우리가 잘 판단해서가 아니라 단지 운이 좋아서였을 것이다.

인류가 단지 운이 좋아서 스스로를 날려버리지 않고 20세기를 지나 왔다는 생각은 과학이 사회에서 하는 역할에 관해 온갖 의문을 잇따라 일으킨다. 특히, 과학자는 자신의 발견이 이용된 방식에 책임이 있는가 하는 쟁점을 전면에 내놓았다. 원자 과학자들은 분명 자신이 하는 연구의 윤리적·사회적 중요성을 잘 알고 있었다. 예를 들어 1957년, 여러 나라 출신의 원자 과학자들이 오늘날에도 계속 열리고 있는 퍼그워시 회의Pugwash Conference의 제1회 회의에 참석했다. 이 회의의 목표는 세계 여러 문제들에 대해 협동적인 해답을 찾는 것이다.

"저는 그 과학자들이 매우 훌륭하게 행동했다고 생각합니다" 라고 리즈는 말한다. "그들은 정치가나 대중과 대화를 해서 핵전쟁의 위험이 최소화되도록 보장하는 것이 자신들의 책임이라고 느꼈지요."

"다른 분야의 과학자들도, 특히 그들이 핵무기가 했던 만큼 미래 문명에 결정적인 영향을 미칠 것들을 연구하고 있다면, 원자 과학자들의 선례를 따라야 한다는 것이 제 견해입니다. 과학자들은 자신의 연구가 어떻게 응용될지 통제할 수 없지만, 그리고 과학의 용도에 관한 결정은 여러 대중이 함께 내려야 하기 때문에 통제해서도 안 되지만, 그들이 연구하고 있는 것의 장점과 위험을 지적하고, 자신의 발견을 좋은 일에 사용해주길 촉구하면서 대중과 맞부딪칠 의무가 있습니다. 과학자의 아이디어는 그들의 자식이므로, 어떤 일이 일어날지를 완전히 통제할 수는 없더라도, 이 아이디어들의 운명을 걱정하는 것은 당연한 일입니다."

과학자들에게는 더 많은 대중에게 자신의 연구에 관해 꾸준히 알리고, 자신의 발견을 좋은 목적에 사용하도록 촉구해야 할 책임이 있다는 이 관점은 리즈가 『인간생존확률 50:50』에서 한 핵심 주장, 즉 인류가 21세기를 넘기지 못할 가능성이 분명히 존재한다는 주장과 연결된다. 리즈에게 이 책을 쓰게 된 동기는 무엇이었는지, 그의 우주론 연구와 어떤 관련이 있었던 것인지 물어보았다.

"뭐, 사실 저는 지난 20여 년 동안 연구를 하면서 동시에 과학자의 책임, 과학이 가져오는 기회와 위험과 같은 일반적 쟁점들을 주제로 글을 쓰고 연설을 해왔습니다. 『인간생존확률 50:50』은 사실 이 과정의 정점이지요."

"그렇지만 제가 우주학자라는 사실도 한 가지 특별한 관점을 주었다고 생각합니다. 즉, 저는 우리가 우주에서 복잡성이 출현하는 아주 초기 단계에 있을 것이라는 느낌을 가졌던 것이죠. 교육받은 대부분의 사람들은 과거에 지나간 시간이 엄청나다는 것을, 그리고 지구의 탄생이나 생명체의 진화를 위해서는 막대한 시간이 필수적이었다는 사실을 알고 있으며, 인간이 어쨌든 이 과정의 종점이라고 생각하는 경향이 있습니다. 그러나 우주론자로 활동하고 있는 저는 우리가 사는 지구조차도 지금까지 지나온 시간 전체보다 미래가 더 길 것이고, 인간은 우주에서 복잡성과 의식이 발달하는 과정에서 매우 초기 단계일 것이라는 사실을 매우 잘 알고 있지요."

"또한 지금 여기 지구에서 일어나고 있는 일은 우주적 시각에서 보더라도 매우 특별하다는 점이 중요합니다. 만일 우리가 지구를 존재해온 45억 년 동안 지켜보았다면, 이 기간의 대부분 동안 매우 느리고 점진적인 변화만을 목격했을 겁니다. 그러나 지난 백 년에 걸쳐서는 극적인 변화가 있었지요. 이산화탄소 수준이 증가했고, 지구에서 우주로 무선 신호를 방출하게 되었고, 사상 최초로 작은 금속 덩어리들이 지구의 대기 밖으로 탈출해서 우주 공간에서 궤도를 그리며 돌게 되었습니다. 그렇다면 지구상에는 매우 특별한 어떤 일이 일어나고 있다고 볼 수 있습니다. 행성의 잠재 수명을 절반도 지나지 않아서 일종의 발작적인 현상이 일어나고 있는 겁니다."

"그렇다면 다음 세기에 어떤 일이 일어날까 하는 점이 궁금하겠지만, 가능한 시나리오는 수없이 많습니다. 인류가 미래에도 계속 살아가는 상황으로 이동하거나, 인간의 의식을 포함한 생물권이 지구를 넘어 확장되는 첫 단계들을 보게 될 수도 있지만, 자멸을 초래해서 문명을 후퇴시킬 가능성도 있습니다."

인류의 미래에 관한 문제를 가장 불투명하게 만드는 이유의 일부는, 지구상에 지적 생명체를 나타나게 한 종류의 복잡성이 우주의 다른 어딘가에 존재하는지 여부가 아직 알려지지 않았다는 점이다. 리즈는 이 문제에 관해서 불가지론이 분별 있는 입장이라고 주장해왔다. 무엇이 그를 그런 결론으로 이끌었는가?

"주로 우리의 현재 지식이 지닌 한계 때문입니다"라고 그는 대답한다. "살아있는 모든 유기체는 무기체의 세계에 존재하는 어떤 것보다 훨씬 더 복잡한 구조를 층층이 지니고 있습니다. 우리는 자연선택으로 인해 단순한 유기체로부터 현존하는 모든 생물계가 출현했다는 사실은 이해하지만, 애초에 생명이 어떻게 시작되었는가에 관해서는 일반적인 동의를 이루어내지 못하고 있습니다. 우리는 그 일이 필연적인 것이었는지, 아니면 엄청난 행운이 따른 것이었는지를 알지 못합니다. 그러므로 우리는 우리와는 다른 환경에서 과연 생명이 탄생할 수 있을 것인지 말할 수 없지요. 또, 설사 우리가 생명이 시작되는 시점에서 출발한다 해도, 지능의 출현이 피할 수 없는 결과인지 아닌지 알지 못합니다. 근래에 이루어진 천문학의 발전으로 이제 우리는 지구처럼 다른 별을 돌고 있는 행성들의 수가 많다는 사실을 알고 있지만, 우리는 이들 가운데 어떤 곳에서든 생명이 시작될 가능성이 얼마나 되는지, 혹은 그런 가능성이 있다면 어떻게 진화하게 될는지는 여전히 알지 못합니다. 이런 이유들 때문에 저는 우주 다른 곳에 생명이 있을 가능성에 관해서는 불가지론이 가장 분별 있는 입장이라고 생각합니다."

그의 불가지론의 관점에서 볼 때, 다른 행성에 생명이 있을 확률을 계산하려는 사람들의 시도를 리즈는 어떻게 생각하는가? 그의 관점대로라면 적당하지 않은 시도일 것이다.

"맞습니다. 절대로 가능하지가 않습니다"라고 그가 수긍한다. "어떤 것이든 그런 확률방정식에는 엄청나게 많은 미지수들이 있습니다. 가장 큰 불확실성이 있는 곳이 생물학 쪽입니다. 예를 들어 만일 누군가가 자기 멋대로 행성에 생명이 출현할 확률은 1조의 세제곱분의 1이라 주장한다 해도, 지금으로선 그 주장을 확실하게 반박할 수 없을 겁니다. 이 생물학적 측면에서의 불확실성은 너무나 커서, 우리는 이 문제에서는 마음을 열어두는 수밖에 없지요. 정말 너무나 불확실한 주제라서, 다른 행성에 생명이 있는가에 관한 의견은 양극단을 달리고 있습니다. 때로는 과학에서도 이런 일이 일어나지요. 증거가 적을수록, 의견은 더 극단적이게 됩니다."

SETI 프로젝트, 즉 외계지능탐사는 다른 곳에 더 낫게 쓸 수 있을 돈을 낭비하는 어리석은 일이라는 주장이 있어왔다. 리즈의 의견도 그런가?

"아니, 그렇지 않습니다"라고 그가 대답한다. "그 프로젝트는 충분히 할 가치가 있습니다. 지구 외의 다른 곳에 생명이 존재하는가 하는 문제가 매혹적이라는 사실은 거의 모든 사람들이 인정한다고 생각합니다. 이 문제에 대한 대중의 관심은 과학에 속한 다른 어떤 문제에 비해서도 뒤지지 않지요. 우리가 그 대답에 관해 확실히 단언할 수는 없지만, 저는 분명 생명의 가능한 모든 출처를 탐색하려는 신중한 노력들에 찬성합니다."

만일 생명이 시작될 확률이 수십조분의 1인 것으로 드러난다면, 사람들이 우주에서 정말로 우리 홀로이며, 생명을 티끌에 불과한 것처럼 느낄 것이라는 생각도 있다. 하지만 이것이 리즈의 견해는 아니다.

"저는 그런 추론은 잘못됐다고 생각합니다. 만일 생명이 지구에만 특별히 존재한다면, 그 사실은 분명 우리의 우주적 자부심을 끌어올려줄 겁니다. 아주 작지만 지구는 우리 은하계에서 가장 중요한 장소가 되겠지요. 또한 이 땅 위에서뿐만 아니라 더 넓은 우주 안에서, 생명의 미래는 지금 여기 우리 행성 위에서 벌어지는 것에 달려 있다는 사실을 우리에게 분명히 일깨워줄 겁니다."

그렇지만 현시점에서, 리즈는 인류가 21세기 과학과 기술에 피할 수 없이 동반되는 다양한 위협을 극복할 수 있을 것이라고 낙관하지는 않는다.

"파국적인 핵전쟁의 위협이 줄어든 것은 사실입니다"라고 그는 말한다. "그럼에도 물론 미래의 어떤 시점에는 정치적인 변동이 있을 수 있고, 그래서 상황이 다시 역행할지도 모르지요. 하지만 다음 10년 또는 20년 안에 일어날 주요 문제는 사람들이 전에 경험해보지 못한 방식의 기술적 권능을 가지게 되리라는 사실에서 비롯될 겁니다. 예컨대 미래에는 아주 소수 집단의 사람들이, 광범위하고 파국적인 피해를 입힐 수 있는 생명기술을 어디서나 쉽게 구해서 사용하는 일이 가능해질 수 있습니다. 지금까지는 사회가 불만을 품은 보잘것없는 수의 사회 부적응자들을 언제나 감당해낼 수 있었습니다. 그들은 고작해야 비교적 작은 피해밖에 일으키지 못했으니까요. 하지만 단 한 사람이 위험한 병원균을 대도시에 퍼뜨리는 일이 가능해지면, 이런 사고방식을 가진 사람이 백만 명 가운데 한 사람만 있어도 감당하기가 너무 어렵습니다. 사회가 스스로를 방어하기 점점 더 어려워질 겁니다. 상존하는 문제가 될 가능성이 높습니다."

사회가 점점 더 비非신성화하고 과학과 기술이 어디에나 있게 되면, 위험한 병원균을 제조하고 방출하도록 만드는 종류의 극단적 불합리성은 감소할 것이라는 주장도 있다.

내가 이 점을 짚자 리즈는 "저는 이것이 지나치게 낙관적 견해라고 생각합니다"라고 답한다. "게다가 오히려 불합리한 숭배와 독단적인 종교가 점점 번성하고 있다는 증거가 있습니다. 예컨대 기술과 공상과학에서 영감을 얻은 사이비종교의 등장은 우려스러운 일이지요. 그들은 자신들의 사상이 반과학이 아니라고 주장할 테지만, 그들은 분명 합리적인 것에서는 멀리 떨어져 있습니다. 우리는 결코, 기술적 전문지식을 가진 사람들이 우리가 이해하는 의미에서 합리적일 것이라고 가정할 수 없습니다."

불만분자들이 대규모의 해를 끼칠 능력을 가지게 될 것이라는 문제에 대해 가능성 있는 기술적 해답이 있는가? 감시의 강화가 방책이 될까?

"제 생각에 대중은 감시의 증가를 감수하게 될 것 같습니다. 이것 말고는, 자신의 전문지식을 위험한 방식으로 오용하려는 사람들이 점점 더 적어지는 쪽으로 사회가 진화하기를 바라는 수밖에 없습니다. 또 설사 그렇게 된다 해도 저는 낙관하지 않습니다. 제가 정말로 걱정하는 일은 유전적으로 설계된 모종의 바이러스가 인구 백만 명 이상이 밀집해 있는 어느 개발도상국의 도시에 방출되는 사태입니다. 서구 세계에는 이를 극복할 능력이 있을지 모르지만, 개발도상국에서는 아마도 어마어마한 재난이 될 것입니다."

만일 독재정권식의 감시를 채택하는 것이 한 가지 가능성이라면, 이것은 우리를 안전하게 지키기 위해 지불할 만한 대가일까?

"앞서 지적했듯이, 저는 사람들이 자신의 안전 때문이라면 높은 수준의 감시가 정당하다고 느끼기 쉬우리라 생각합니다. 사실 저는 과잉반응이 일어날까봐 걱정됩니다. 예를 들어, 불만을 품은 생명유전학자가 어떤 병원균을 대도시에 방출하는 종류의 사건이 미국에서 한 건만 일어나도, 사상자의 숫자는 통제 가능한 수준일지라도 미국 사회에 미치는 영향은 정말 엄청날 것이라고 생각합니다. 사람들은 그런 일이 한 번 일어났다면, 다시 일어날 수도 있다고 깨달을 테지요. 병원균과 관련된 덜 심각한 사건들을 가지고도 미국에서 이미 일어났던 과잉반응을 놓고 볼 때, 미국 대중은 십중팔구 높은 수준의 감시를 도입하고, 과학을 저지하라는 등의 강력한 압력을 행사할 것 같습니다."

신기술의 발달이 제기하는 위협에 대한 한 가지 반응은, 과학을 선택적으로 둔화시키자고, 예를 들어 특정 분야의 과학적 연구 열의를 꺾을 의도로 법률을 제정하자는 제안이다. 리즈는 이 생각이 유용하다고 보는가?

"뭐, 과학 발전의 속도를 줄이는 일은 분명 가능하긴 합니다. 연구비 지원을 중단당한 경험이 있는 모든 과학자들은 지원과 시설을 빼앗는 것이 과학적 연구를 방해한다는 사실을 잘 알지요. 하지만 그런 반면에, 해로운 과학만을 둔화시키면서도 다른 과학이 주는 이익은 계속해서 거둬들이는 일이 가능할 것이라는 논지는 그럴듯하지 않다고 생각합니다. 특히, 어떤 발견이 유익할 것이고 어떤 발견이 그렇지 않을지는 누구도 예측할 수 없습니다. 우리가 과학 연구에 종사한다면, 과학이 발전할수록 그와 함께 위험도 증가하고 윤리적 도전도 커진다는 사실을 인정해야 하지요."

이 견해를 『인간생존확률 50:50』에서 리즈가 취한 입장에는 어떻게 적용할 수 있을까? 책에서 리즈는 순수한 연구를 위한 공공의 돈은 그 연구의 결과가 오용될 것 같으면 내놓지 말아야 한다고 말했다.

"이는 일반적으로 용인되는 관행, 특정한 전략적 가치가 있는 것으로 보이는 과학의 분야에 우선적으로 자금을 지원해야 한다는 관행의 다른 면일 뿐입니다"라고 그가 설명한다. "이것이 바로 예컨대 분자생물학이 블랙홀 연구보다 더 많은 자금을 끌어들이곤 하는 이유입니다. 저는 그러니 어떤 특정 계열의 연구가 사회적 문제로 이어지리라는 것을 합리적으로 예측할 수 있다면 거기에다 지원을 폐지하는 것이 모순된 조치가 아니라고 말했을 뿐이지요. 하지만 어떤 식이든 그런 조정의 효과는 미미할 겁니다. 어떤 경우든 보통은 결과를 예측할 수 없고, 무엇에 관해서든 사람들이 생각하는 일마저 막을 수는 없으니 말입니다. 과학이 이제는 전 세계에서 수행되고 있으며, 종종 상업적 압력으로 추진되는 활동이라는 점을 고려할 때, 이 점은 특히 중요합니다. 한 나라에서 막는 방법만으로는 특정한 계열의 연구를 막을 수 없다는 뜻이지요."

"다음으로 저는 우리가 특정한 계열의 연구를 늦출 수 있다고 낙관하지 않습니다. 특히 빌 조이*와 같은 사람들은 과학 분야를 세심하게 선별해서 포기하는 방식으로, 곧 과학의 어떤 특정한 부분을 둔화시키는 방식으로 문제를 피할 수 있다는 것은 매우 순진한 발상이라고 생각하지요. 우리가 어떻게 국제적으로 동의를 얻을지도 분명치 않을뿐더러, 만일 동의를 얻는다 해도 실행하기가 매우 어려울 겁니다."

생명기술과 연관된 위험이 호모 사피엔스의 존재 자체를 위협하지는 않는다. 개발도상국의 도시 안에 방출된 병원균이 수백만의 사람들을 죽일 수는 있겠지만, 모든 사람을 죽일 가능성은 극히 희박하다. 그러나 『인간생존확률 50:50』에서 리즈는 입자물리학의 최신 연구 일부와 관련된 다른 종류의 위험을 밝히고 있다. 특히 어떤 입자가속기 충돌 실험에는 순식간에 지구 전체를(그리고 아마 우주도) 파괴할 위험이 있는 듯 보인다. 물론 그 확률은 까마득히 작지만, 그래도 리즈는 그 위험이 받아들일 수 있을 만큼 작다고 여기는지 여부를 결정하기 위해서는 더 많은 대중의 의견을 들어야 한다고 주장한다.

"먼저 저 자신은 이런 종류의 실험들 어떤 것에 관해서도 걱정하지 않는다는 사실을 말해두겠습니다. 그 위험은 정말 아주 작습니다"라고 그가 대답한다. "하지만 저는 그 실험들이 엄격하고 극단적인 방식으로 원칙의 문제를 일으킨다고 생각합니다. 즉, 완전히 파멸적

* 컴퓨터 천재로 IT 업계를 주도해오던 그는 2000년 4월, 「와이어드」지에 21세기의 주요 기술들이 인류의 미래를 위태롭게 할 것이라는 글을 기고해 주목을 받았다.

인 결과를 가져올 확률이 아주 작은 어떤 실험을 계획할 때 우리는 어떻게 해야 할까요? 실험이 잘못될 경우 모든 것이 파괴된다면, 대부분의 사람들은 그런 일이 일어날 확률이 수십억 분의 1 정도는 되어야 그 위험을 받아들일 준비가 될 겁니다. 하지만 그러한 실험의 위험도가 대략 이 정도로 낮다는 것을 우리가 어떻게 확실하게 증명할 수 있을까요? 과학의 최전선을 탐색하다가 새로운 물리적 현상을 마주치게 되었을 때, 어떤 실험의 결과에 대해 완전히 자신하는 일은 절대로 있을 수 없습니다. 하지만 더 많은 대중은 타당한 이유를 가지고 그런 정도의 확신을 원할 것이므로, 어쨌거나 계속해서 그들에게 소식을 전하는 일을 꼭 해야 합니다. 이는 생명과학 분야에서 좀더 현실적으로 다가오지요. 대중이 위험한 병원균에 노출될 작은 위험을 다루는 올바른 방법은 무엇일까요? 이것은 안전 보장이라는 평범한 쟁점이지만, 우리가 절대적으로 파멸적인 결과를 가져올 위험이 극단적으로 작은 문제의 경우에는 처리하기가 더 힘듭니다."

그런 논쟁에 일반 대중을 끌어들이는 데 관한 우려는 없는가? 즉, 사람들이 종종 대중매체의 편파적인 보도에 이끌려 어떤 쟁점에서 이성적이기보다 감정적으로 입장을 채택한다면? 예를 들어 영국에서의 유전자변형식품에 관한 논쟁은 일반적으로 아주 형편없는 논쟁의 표본으로 여겨진다.

"저는 유전자변형 논쟁이 지금껏 쓸데없는 잡음을 내면서 매체에 이끌려왔다고 생각합니다. 그리고 정부가 최선을 다 했음에도, 그 쟁점에 관해 매우 근거 없는 토론들이 많았던 것이 사실이지요. 분명 유전자변형식품에 대한 의심은 널리 퍼져 있습니다. 저는 대부분, 유전자변형식품의 생산과 관련한 상업적 이해관계가 개입되어서가 아닐까 생각합니다. 여기서 얻어야 할 교훈은, 과학자들이 산업이나 상업계와 기꺼이 협력해야 하긴 하지만, 그 대가로 사회는 믿을 수 있고 공평무사한 전문가 집단이라는 커다란 이익을 잃게 될 위험이 있다는 것이지요. 이것은 실제로 큰 문제입니다."

하지만 여기에는 일반 대중에게 과학적 교양이 부족하다는 더 일반적인 쟁점이 있는 것 아닌가? 예를 들어 영국과 미국 양국에서 실시한 조사에 따르면, 이산화탄소가 주요 온실 가스라는 사실조차 아는 사람이 매우 드물었다. 이런 수준의 무지를 놓고 볼 때, 과학의 실행을 감독하는 데 대중이 어떤 종류의 역할을 할 수 있거나 해야 하는지 잘 모르겠다.

"저도 그 점이 문제라는 데 동의합니다"라고 리즈가 말한다. "사실, 유전자변형 논쟁이 바람직하지 못하게 진행된 이유의 일부도 무지와 관계가 있었습니다. 예를 들어 어떤 사람들은 평범한 작물 안에도 유전자가 있다는 사실조차 전혀 모르고 있었지요. 하지만 영국에는 비교적 훌륭하게 진행되어온 다른 논쟁들도 있었습니다. 줄기세포에 관한 논쟁을 그 예로 들 수 있습니다. 여기서는 과학자들이 다양한 쟁점들을 적절하게 설명해낼 수 있었고, 그 결과 정치가들이 올바른 정보에 근거한 논쟁을 벌일 수 있었습니다. 그리고 메리 워녹Mary Warnock*이 이끄는 인간 수정 및 배아 위원회Human

* 세계적 윤리학자이자 영국의 무소속 의원.

Fertilization and Embryology Committee 활동의 중심에 있었던 논쟁도 같은 식으로 진행되었고요."

하지만 이 두 사례 모두에서 일반 대중은 부차적인 지위에 있지 않았는가?

"뭐, 사실 그에 관해서는 잘 모르겠지만, 분명 그 논쟁들은 유전자변형식품 논의에서 두드러졌던 일간지 주도의 선동적인 방식으로는 전락하지 않았습니다. 대중이 과학을 잘 모르는 것은 사실이지만, 때때로 사람들이 과학을 더 많이 알게 된다면 과학에 더 만족할 것이라고 가정들을 하곤 합니다. 하지만 이 관점에 반대되는 증거도 있지요. 과학을 잘 알고 있는 사람들도 아무것도 모르는 사람들과 마찬가지로 과학의 특정한 사용법을 우려할 수 있습니다. 원자력에 관한 토론을 예로 들어보지요. 여기서는 전문가들 사이에도 비전문가들 사이에서만큼이나 이견이 많습니다. 쟁점의 세부사항을 사람들에게 설명한다고 해서 반드시 합의라는 결과가 나오는 것은 아닙니다. 대중에게 정보를 알리면 일을 쉽게 해나갈 수 있다고 생각하는 과학자는 자신을 속이고 있는 셈이죠. 아마 그 반대일 겁니다. 그럼에도 대중에게 알리는 일은 중요하며, 과학자들은 대중들에게 자신이 하고 있는 연구를 설명하고, 거기서 비롯될 반론에 답해야 할 과제가 있다는 사실을 받아들여야 할 겁니다."

"여기서 과학의 수행과 과학적 발견의 사용을 구분할 수도 있습니다. 특히, 어떤 특정한 발견에는 언제나 다양한 응용이 있기 마련입니다. 어떤 발견을 가지고 무엇을 할 것인가에 관한 선택은 그냥 과학자가 내릴 것이 아니라 더 큰 범위의 사회가 내려야 합니다. 따라서 과학자들은 그 결정이 명백히 옳은 정보를 근거로 할 수 있도록 반드시 사람들과 대화를 나누어야 하지요. 물론 이런 종류의 선택에는 윤리적인 쟁점들도 관련될 것이고, 그 쟁점들이 과학에 거꾸로 영향을 미쳐서, 그런 종류의 과학을 계속 추구해야 할지 말아야 할지를 제한하기도 할 겁니다."

그렇다면 과학자들에게는 자신의 일에 관해 대중에게 알려야 할 의무가 있다는 생각이 리즈가 과학에 관한 대중적 책들을 쓰는 동기들 가운데 하나인가?

"그것도 한 이유이지요. 저는 분명 모든 과학자들이 자기 분야의 지식을 쉽게 전달하도록 최선을 다 해야 한다고 생각하고, 그것은 그렇게 어려운 일이 아닙니다. 전문가가 아닌 사람들이 과학의 전문적인 세부사항들을 이해하기는 어렵겠지만, 사실 그런 세부사항은 전공자들만의 관심사입니다. 비전문가들을 위한 핵심은 과학적인 사실과 개념들이고, 이는 상당히 간단한 언어로 전달될 수 있습니다."

"물론 설명하기 힘든 과학 영역들이 좀 있는 것은 사실이지요. 예를 들어 양자역학은 몹시 반직관적이라, 그 내용을 익숙하게 받아들이게 하기가 어렵습니다. 하지만 저는 이 문제가 그렇게 크다고는 생각하지 않습니다. 우리가 해야 할 일은 우선 반직관적인 이 이론이 있다는 것을 사람들에게 알리고, 그런 다음 두 가지 점을 말해주는 겁니다. 첫째는 현대 과학기술의 많은 부분이 이 이론을 기반으로 하고 있기에 우리는 이 이론을 매우 진지하게 받아들여야 한다는 것입니다. 그리고 둘째로 우리에게 필요한 이 이론이 반직관적이라는 사실에 놀랄 필요는 없다고 알려주어야 합니다. 왜냐하면 이 이론은 우리가 아프리카 초원에서 마주쳤던 어떤 것보다도 훨씬 작은 영역을 다루고 있으며 우리의 뇌는 그렇게 작은 영역을 처리하도록 진화하지 않았기 때문이라고 말이지요. 만일 우리가 양자역학의 개념을 쉽게 전달할 수 있다면, 이해하기 힘든 과학의 다른 영역들에서도 같은 일을 할 수 있을 겁니다."

"또한 저의 연구 분야와 관련해서 다른 일반적인 관점이 있습니다. 제 전문 분야는 우주연구와 우주론인데, 저에게는 이 주제를 대중에게 알려야겠다는 동기를 심어주는 특별한 이유가 두 가지 있지요. 첫째, 이 분야를 연구한다는 것은 실용적인 단기 이익이라고는 전혀 없는 연구를 위해 대중의 후원을 받고 있는 것이므로, 과연 어떤 내용들인지 사람들에게 설명할 의무가 있습니다. 둘째, 이것은 대중을 대단히 매혹시키는 주제인데, 만일 소수의 동료들하고만 이야기한다면 저 스스로가 제 연구에서 더 큰 만족을 얻지 못할 겁니다. 우주론은 진화론이나 공룡 등과 더불어 대중이 아주 흥미롭게 받아들이며 전혀 위험하다고 여기지 않는 분야일뿐더러, 그들이 품는 기본적인 질문 일부에 대한 답을 얻는 데 도움을 주기도 합니다. 그래서 저는 우주론의 대중화에 관심을 갖고 있습니다."

리즈는 여기서 자신의 전문 영역이 우주연구와 우주론이라고 언급한다. 우리가 가까운 우주를 식민지로 삼아서 지구의 문제로부터 탈출할 수 있을 것이라 생각하는 낙관적 우주여행 신봉자들이 있다. 공상과학에 나오는 소리처럼 들리지만, 리즈는 21세기 동안에 이런 일이 이루어질 수도 있다고 보는가?

"저는 다른 무엇보다도 그것이 문제를 해결할 수 있다고 생각하지 않습니다. 왜냐하면 우리들 대부분이 지구를 아끼고, 지구 밖의 어떤 곳에도 지구의 남극만큼도 온후하지 않을 것이기 때문입니다"라고 그는 대답한다. "하지만 지금으로부터 100년쯤 뒤에는 지구 밖의 불편한 삶을 살려고 시도하는 일단의 개척자들은 있을 법합니다. 저는 그것이, 예를 들자면 공상과학 영역의 회색 점액질grey goo*이나 초인 로봇만큼 요원한 것은 아니라고 생각합니다. 얼마든지 일어날 수 있는 일입니다."

그렇다면 이 가능성은 인간이 자멸할 경우에 대비한 보험으로 생각할 수 있을까?

"그럴 거라고 짐작합니다. 사실 인간 종 전체가 절멸할 가능성은 별로 없다고 생각하지만요"라며 그가 대답을 잇는다. "일단 지구에서 멀리 떠나 살아가는 사람들의 독립적인 공동체가 생기면, 지구 사상 최악의 재앙에 대비해 위험을 분산시킬 것은 분명합니다. 여기서

---

* 1986년에 에릭 드렉슬러Eric Drexler가 『창조의 엔진*Engines of creation*』에서 내놓은 세계종말 시나리오. 그는 자가복제하는 나노 로봇이 지구 생태계를 며칠 만에 '회색 점액질'로 바꿔버릴지도 모른다는 의견을 내놓았다.

다른 점을 강조하자면, 그런 공동체는 매우 빠른 속도로 다양하게 변할 겁니다. 우리의 가까운 미래는 이제까지의 역사적 과거와는 다를 겁니다. 다음 백 년 동안에 인간은 유전자변형이나 표적 약물과 같은 것들을 이용하여 예전 어느 때보다도 훨씬 더 빠른 속도로 변화하게 될 겁니다. 가능한 미래를 인지하는 우리의 능력은 수십억 년까지 늘어난 반면에, 예측정확성의 지평은 줄어들었습니다. 우리는 너무도 빠르게 변화하고 있어서, 백 년 후를 예상하기도 힘들죠. 앞으로 1세기 뒤에 지구상에서 어떤 형태의 지능이 우세하게 될지조차 확신할 수 없습니다. 아마도 그때쯤이면 기계가 우리의 지력을 앞서리라고 짐작합니다. 그리고 지금 남극에 사람들이 있는 것처럼 달 기지에 수백 명의 사람들이 있을 수도 있겠지요. 어떤 개척자들은 화성, 아니면 태양계를 유유히 떠돌아다니는 작은 인공 주거지에서 살게 될 수도 있겠고요. 우주에서는 수많은 로봇들과 지능형 '제조기'가 소행성에서 원자재를 캐내서 끝없이 커져가는 구조물들을 건축하고 있을 겁니다. 굳이 이런 발전이 일어나리라고 주장하는 것은 아니지만, 그래도 기술적으로나 사회학적으로나 가능해 보이는 일입니다."

"다윈은 '살아 있는 종이라면 단 한 종도 자신의 모습을 변치 않는 그대로 먼 미래에 전달하지 않을 것'이라고 적었습니다. 우리의 종은 단지 자연선택에 의해서가 아니라, 지능적으로 조절되는 변형을 통해 어떤 선조보다도 빨리 변화하고 다양화할 겁니다. 저는 효과가 있을지는 비관적이지만, 이 지구상에서는 유전공학이 엄중하게 통제될 수 있기를 바랍니다. 하지만 만일 외계로 진출하려는 개척자들이 자신들의 생물학적 틀을 우주 환경에 맞추길 바란다면, 그들이, 그리고 마침내 출현할 포스트휴먼 종들이 잘 되기를 빌어야겠지요."

더 읽을 거리

해당 인터뷰 주제를 더 깊이 알고 싶은 독자들에게는 다음의 참고도서가 좋은 출발점이 될 것이다.

1장 다윈론과 유전자

Darwin, C. 1996[1859], *The Origin of Species*, Oxford University Presss(찰스 다윈, 『종의 기원』).

Dawkins, R. 1976, *The Selfish Gene*, Oxford: Oxford University Press(리처드 도킨스, 『이기적 유전자』, 을유문화사).

Jones, S. 2000[1993], *The Language of the Genes,* London: Flamingo(스티븐 존스, 『유전자 언어』, 김영사).

2장 진화심리학과 빈 서판

Cosmides, L. & Tooby, J. 2004, *What is Evolutionary Psychology*, New Haven, CT: Yale University Press.

Pinker, S. 1999, *How the Mind Works*, Harmondsworth: Penguin(스티븐 핑커, 『마음은 어떻게 작동하는가』, 소소).

Pinker, S. 2003, *The Blank Slate*, Harmondsworth: Penguin(스티븐 핑커, 『빈 서판』, 사이언스북스).

3장 인간의 뇌와 의식

Block, N., Flanagan, O. & Guzeldere, G.(Eds) 1996, *The Nature of Consciouness*, Cambridge, MA: MIT Press.

Chalmers, D. 1998, *The Conscious Mind*, New York: Oxford University Press.

Greenfield, S. 2002, *The Private Life of the Brain*, Harmonsworth: Penguin.

4장 과학과 인간이라는 동물

Malik, K. 2001, *Man, Beast and Zombie*, London: Phoenix.

Ridley, M. 2004, *Nture via Nurture*, London: Perennial(매트 리들리, 『본성과 양육』, 김영사).

Wilson, E. 1988, *On Human Nature*, Cambridge, MA: Harvard University Press(에드워드 윌슨, 『인간 본성에 대하여』, 사이언스북스).

5장 인공두뇌학과 사이보그의 미래

Margolis, J. 2001, *A Brief History of Tomorrow*, London: Bloomsbury.

Moravec, H. 2000, *Robot*, New York: Oxford University Press.

Warwick, K. 1988, *In the Mind of the Machine*, London: Arrow.

6장 정신의학과 정신분열증

Frith, C. & Johnstone, E. 2003, *Schizophrenia: A very short introduction*, Oxford: Oxford University Press.

Goldberg, D. & Murray, R.(Eds) 2002, *The Maudsley Handbook of Practical Psychiatry*, Oxford: Oxford University Press.

Shorter, E. 1998, *A History of Psychiatry*, Chichester: John Wiley.

7장 바이러스의 위협

Crawford, D. 2000, *The Invisible Enemy: A Natural History of Viruses*, Oxford: Oxford University Press.

Ewald, P. 1997, *Evolution of Infectious Diseases*, New York: Oxford University Press.

Kiple, K.(Ed) 1999, *Plague, Pox and Pestilence*, London: Weidenfeld & Nicolson.

8장 암 연구와 치료

Greaves, M. 2001, *Cancer: The Evolutionary Legacy*, Oxford: Oxford University Press.

Vasella, D. 2004, *The Magic Cancer Bullet*, London: HarperCollins

Weinberg, R. 1998, *One Renegade Cell*, London: Weidenfeld & Nicolson

9장 동물 실험과 의학 연구

Harris, J. 1990, *The Value of Life*, London: Routledge.

Harris, J. 2001, *Bioethics*, Oxford: Oxford University Press.

The Medical Research Council Ethics Series: http://www.mrc.ac.uk/Ourresearch/Ethicsresearchguidance/index.htm

10장 위기의 과학

Bricmont, J. & Sokal, A. 1999, *Intellectual Impostures*, London: Profile Books.

Forrest, B. & Gross, P. 2004, *Creationism's Trojan Horse*, New York: Oxford University Press.

Gross, P. & Levitt, N. 1994, *Higher Superstition: The Academic Left and Its Quarrels with Science*, Baltimore, MD: Johns Hopkins University Press.

11장 생물다양성

Gaston, K. & Spicer, J. 2003, *Biodiversity*, Oxford: Blackwell

Wilson, E. 2001, *The Diversity of Life*, Harmonsworth: Penguin(에드워드 윌슨, 『생명의 다양성』, 까치).

Wilson, E. 20001, *The Future of Life*, New York: Vintage(에드워드 윌슨, 『생명의 미래』, 사이언스북스).

12장 과학, 그 위험성과 대중

Einsiedel, E. Public *Understanding of Science*(quarterly journal), London: Sage.

Rees, M. 2003, *Our Final Century*, London: William Heinemann(마틴 리즈, 『인간생존확률 50:50』, 소소).

Worcester, R. 2001, What Scientist and Public Can Learn From Each Other. http://www.mori.com/pubinfo/rmw/cambridge.pdf

역자 후기

분량이 많은 책도 아니었건만, 원서 표지를 보자 가슴이 콩닥거렸다. 두려움으로…….

솔직히 열두 명의 과학자들이 누구신지 식견 짧은 내가 다 알까마는 주로 번역하던 '뇌' 관련 책에서 눈에 익은 핑커, 그린필드의 이름만 보아도 다른 이들의 위상을 짐작하고 남음이 있었다. 여러 사람이 쓴 압축적인 글을 번역한다는 것만도 작은 모험일진데, 나만 모르고 남들은 다 알지 모르는 '스타'들의 글이라니!

그렇지만 '과학에 관심 없이 살다가 혹시 지구가 큰일 나면 넌 무슨 할 말이 있겠니?'라는 스탱룸의 위협(?)이 맨 앞에 있는 덕분에 그래도 도망치지 않고 번역을 진행할 수 있었다. 비록 잘 모르면서 과학에 관해 왈가왈부하는 것을 신랄하게 비판한 노먼 레빗의 글은 뜨끔했지만. 부디 한국말을 못하시는 이분들의 말씀을 옮기려 '애쓴' 것으로 과학

공부를 게을리 한 죄를 용서하여 주소서…….

알고 보니 이들도 나와 똑같은 사람이었다. 지구인. 농담이 아니라 이 책은 그만큼 편협한 시각을 버리고 한 마음으로 인류의 미래와 어쩌면 우주의 장래까지 진지하게 생각해보게 한다. 공상과학의 상상들이 '생각대로' 이루어지는 세상에 살면서 어느 간 큰 사람이 이 과학자들의 이야기를 흘려들을 수 있을까.

이들의 염려만이 현실이 되고 조심스러운 낙관들이 빗나가는 일은 없기를. 마지막으로 당부 한 가지. 여러분, 도는 것은 지구이지 태양이 아닙니다.